Tukur Sani Bubuche
Lawalli Abubakar

Avaliação de genótipos de cana-de-açúcar para rendimento e componente de rendimento

Tukur Sani Bubuche
Lawalli Abubakar

Avaliação de genótipos de cana-de-açúcar para rendimento e componente de rendimento

ScienciaScripts

Imprint

Cover image: www.ingimage.com

This book is a translation from the original published under ISBN 978-3-659-80410-6.

Publisher:
Sciencia Scripts
is a trademark of
Dodo Books Indian Ocean Ltd. and OmniScriptum S.R.L publishing group

120 High Road, East Finchley, London, N2 9ED, United Kingdom
Str. Armeneasca 28/1, office 1, Chisinau MD-2012, Republic of Moldova, Europe
Printed at: see last page
ISBN: 978-620-8-06844-8

ÍNDICE DE CONTEÚDOS

DEDICAÇÃO

Esta dissertação é dedicada aos meus pais e a todos os membros da minha família.

AGRADECIMENTOS

Louvado seja Alá (S.W.T) por ter poupado a minha vida para testemunhar este dia. Gostaria de expressar a minha profunda gratidão e apreço ao meu principal supervisor, Dr. Lawali Abubakar, pela sua paciência, orientação e apoio desde o início do estudo até à sua conclusão. Um agradecimento especial vai também para os co-orientadores, Prof. N.D. Ibrahim e Dr. A. A. Aliero, pelo seu apoio e contribuições incansáveis.

O meu apreço vai também para o Prof. S.G. Ado, Mal. Bello Sani Haliru, Drs. U. Aliyu e H. A. Gwandu. Outros são o Dr. M. Bello Sokoto, Mal. Muktar Musa, Dr. Sadiq e todo o pessoal da Faculdade de Agricultura pelos seus contributos. Gostaria de estender os meus sinceros cumprimentos aos meus colegas do Departamento de Ciências Agrícolas: Mal. Yahaya Saida Isah, Mal. Aminu Abubakar Gummi, Isah Saba, Moh'd Sukani, Jamilu Halidu, Abdullahi Muhammad e Musa Abdullahi pelo seu apoio durante o período de estudo. Gostaria de agradecer ao Unilorin Sugar Research Institute (USRI) pela produção das linhas e ao Agricultural Research Council of Nigeria (ARCN), Abuja, pelo financiamento do projeto.

Por último, gostaria de manifestar o meu especial apreço a Mal. Halilu Isah Gulma pelo seu apoio moral e financeiro. Que Alá (S.W.T.) os recompense abundantemente, ámen.

RESUMO

Catorze híbridos de cana-de-açúcar e um controlo local foram avaliados na quinta Fadama da Universidade Usmanu Danfodiyo de Sokoto durante as estações de crescimento 2011/2012 e 2012/2013. O experimento foi organizado em um projeto de bloco completo randomizado (RCBD) e replicado três vezes para avaliar os materiais genéticos para a produção de cana e atributos relacionados à produção. Houve diferença significativa ($P \leq 0,05$) entre os genótipos para a capacidade de brotação e perfilhamento, exceto na contagem de brotos duas semanas após o plantio (WAP). A verificação local teve a maior contagem média de brotos de 5,67 em 4th WAP e em 6th WAP a verificação local, e duas outras registraram a maior. Houve uma diferença significativa na produção de perfilhos com o USRI/08/85 tendo o maior **(**257**)**, o menor foi no controlo local **(**76**).** ILS-001 e Co957 produziram o maior rendimento de 965025kg/ha e 82460kg/ha respetivamente, o menor foi registado no controlo local. Quase todos os traços registaram uma estimativa de hereditariedade de sentido lato elevada nos traços medidos; número de caules/colmo, comprimento do caule, brix final, perímetro do caule, contagem de bicos e fendas no caule, exceto no hábito de crescimento, peso total/ha e contagem de rebentos aos 2WAP. Foram registadas correlações significativas e positivas entre o peso total da cana/ha e o peso de um único caule, entre o peso de um único caule e o brix final e entre a circunferência do caule e o comprimento do caule, enquanto o brix final e o número de canas moíveis/ha não registaram correlações significativas. As caraterísticas que tiveram uma contribuição direta elevada para o rendimento final foram o número de colmos/colmo, o número de canas moíveis/ha, o peso de um único colmo e o teor de brix, enquanto se observaram contribuições positivas indirectas elevadas no hábito de crescimento, no número de entrenós por colmo e no comprimento do colmo. O estudo na planta e na primeira soca recomenda os genótipos ILS001, Co957, USRI/08/63, USRI/08/87 e ILS001 para o rendimento e a componente do rendimento.

CAPÍTULO 1

INTRODUÇÃO

1.1 Geral

A cana-de-açúcar *(Saccharum officinarum L.)* pertence à família das gramíneas Poaceae, e é caracterizada por caules segmentados e folhas em forma de lâmina. A reprodução pode ser feita por sementes ou vegetativamente por cortes designados por pegadas (Bull, (2000). O género Saccharum tem cinco espécies; duas selvagens (*S. spontanium* e *S. robustum)* e três cultivadas (*S. officinarum, S. barberi,* e *S. sinense)* (Barners, 1974).

A cana-de-açúcar é uma planta tropical que não tem adaptação para sobreviver ao congelamento e depende de luz solar abundante para um crescimento saudável (Hussain, 2001). Como uma planta tropical, a cana-de-açúcar tem um mecanismo fotossintético específico para fixar o carbono em açúcar vegetal. O primeiro produto da fotossíntese é o açúcar de quatro carbonos (C4) que é fixado em células especializadas no tecido condutor (caule) da planta (Cox *et al.*, 2000). O ganho de carbono por dia a partir da fotossíntese varia com a latitude e com a cobertura de nuvens, porque a latitude determina a intensidade da radiação solar numa superfície horizontal e a cobertura de nuvens determina a quantidade de radiação que atinge a superfície. Assim, um isolamento solar médio num dado local é função da latitude e da sua localização relacionada com as configurações continentais e oceânicas (Le Roux, 2005).

Produzir mudas de cana-de-açúcar a partir de pais geneticamente diversos ou clones de reprodução é essencial para o desenvolvimento de cultivares de cana-de-açúcar de alto rendimento para plantação comercial pela indústria de açúcar ou por agricultores locais de cana de mascar (Olaoye, 2009). Da mesma forma, uma maior produção de cana é a função de um maior potencial genético de uma variedade (Nazir *et al.,* 1997). Estão a ser feitos esforços para aumentar a produção de cana através da introdução de variedades de alto rendimento e da adoção de técnicas de produção de culturas melhoradas (Gill, 1999). A cana-de-açúcar é atualmente cultivada em mais de 110 países do mundo, com 1.773.814.608 toneladas produzidas em todo o mundo. Esta é colhida em 25.762.157 hectares, dando um rendimento de 688.535 kg/ha. A produção total em África foi de 96 582 557 toneladas, colhidas em 1 502 279 hectares, com um rendimento de 642 907 kg/ha (FAOSTAT, 2012). Na Nigéria, a cana-de-açúcar é uma importante cultura industrial de rendimento (Zafar *et al.*, 2009), com uma produção total de 1 450 000 toneladas, colhidas em 74 000 hectares a uma taxa de 195 946,00 kg/ha, no entanto, os quinze principais países produtores de cana-de-açúcar (Quadro 1). O rendimento da cana de açúcar sendo um carácter quantitativo é o resultado de vários caracteres que trabalham juntos durante o crescimento da cultura, que são interdependentes no seu desenvolvimento. Por conseguinte, é desejável estudar a associação entre o rendimento e os caracteres relacionados com o rendimento, uma vez que isso facilitaria a seleção eficaz para o melhoramento simultâneo de um ou mais componentes que influenciam o rendimento (Olaoye, 2009).

O objetivo da seleção é identificar os genótipos geneticamente superiores e, se a superioridade for de natureza genotípica, espera-se que o genótipo reproduza fielmente o seu valor noutros ambientes. No entanto, se, pelo contrário, o valor for principalmente ambiental, o grau de determinação genética (DGD), que é a relação entre a variância genotípica e a variância fenotípica (H^2), é utilizado para estimar o rendimento, a qualidade e outras caraterísticas de uma população (Olaoye, 2004).

Quadro 1.1 Os quinze principais países produtores de cana-de-açúcar

País	Quantidade produzida
Brasil	6,71 milhões/ha
Índia	4,90 milhões/ha
China	1,24 milhões/ha
Paquistão	1,03 milhões/ha
Tailândia	1,01 milhões/ha
México	0,68 milhões/ha
Colômbia	0,45 milhões /ha
Austrália	0,42 milhões/ha

África do Sul	0,42 milhões/ha
Cuba	0,40 milhões/ha
Filipinas	0,40 milhões/ha
Estados Unidos da América	0,36 milhões/ha
Indonésia	0,35 milhões/ha
Argentina	0,29milhões/ha
Vietname	0,29 milhões/ha

Fonte: FAOSTAT, 2012.

O coeficiente de caminho é um excelente meio de estudar os efeitos diretos e indirectos de componentes inter-relacionados de uma caraterística complexa (Kang *et al.*, 1989). A análise do coeficiente de caminho mede a influência direta de uma variável sobre outra. Cada coeficiente de correlação entre uma variável preditora e a variável de resposta é dividido nas suas partes componentes de efeito direto e indireto; o efeito direto é um coeficiente de regressão parcial padronizado para a variável preditora, enquanto o efeito indireto envolve o produto de um coeficiente de correlação entre duas variáveis preditoras com o coeficiente de caminho apropriado no diagrama de caminho (Dewey e Lu, 1959).

1.2 Crescimento e desenvolvimento da cana-de-açúcar

A cana-de-açúcar é geralmente propagada a partir de estacas de caule e cada nó tem todas as qualidades para o crescimento de novas plantas. Os rebentos crescem a partir de nós subterrâneos, e os botões axilares nestes nós dão origem a perfilhos. No entanto, o número de perfilhos pode variar de muito poucos a um número muito grande, que pode ser até 144 por estolho que surge de um botão (Shamel, 2007). Odada (1986) relatou que a proliferação de raiz se torna abundante quando as condições de crescimento são ótimas e a habilidade de crescimento de raiz sob condições sub-ótimas para o crescimento de cana de açúcar está entre os critérios de seleção em programas de reprodução no mundo inteiro. O crescimento da cana de açúcar varia dependendo do ciclo de cultivo de um ano ou ciclo de dois anos. Enquanto numerosos caules podem surgir de um único estabelecimento, mais de 50% podem morrer antes de nove meses de crescimento quando os caules estáveis estão completamente estabelecidos (Chen e Zhu, 2009).

Nesse sentido, a taxa de expansão da área foliar está mais relacionada com a temperatura do que com a radiação solar recebida durante os primeiros meses de crescimento porque as taxas máximas de expansão foliar são observadas a 22°C (Bull e Glasziou, 1963). O crescimento lento no estágio de estabelecimento de mudas de cana de açúcar é um dos fatores limitantes para utilizar essa cultura em zonas temperadas quentes como no Japão e a faixa de temperatura é de 25°C a 30°C que é favorável para aumentar a taxa de emergência e de 20°C a 25°C favorável para aumentar o número de perfilhos durante a fase juvenil (Ehara e Takamura, 1994). Sob condições mais frias, a fase de crescimento juvenil é prolongada, mas isso nos trópicos resulta em taxas mais altas de expansão da área foliar relativa durante períodos de alta radiação solar (Bull e Glasziou, 1963).

1.3 Ecologia da cana-de-açúcar

A cana-de-açúcar é cultivada principalmente em solos argilosos com boas proporções de areia, silte e argila com bom armazenamento de água e caraterísticas de drenagem e se os solos são bastante férteis, assim fertilizantes suplementares são utilizados apenas quando necessário pH gama de 6-8 é considerado ideal para a produção de cana-de-açúcar (Fehr, 1987). A cana de açúcar requer um amplo suprimento de água, até 1200 mm-1500 mm por ano e em solos livremente drenados, uma alta precipitação pode ser tolerada (Glaz, 2000). A duração da estação chuvosa é importante no crescimento da cana de açúcar. Por exemplo, umidade e temperatura adequadas são os dois requisitos ecológicos mais importantes que são essenciais para o crescimento eficiente e produtividade da cultura de cana de açúcar e se o excesso de água não for drenado imediatamente no estágio de germinação, isso resultará em apodrecimento de estacas de caule (Glaz, 2000). Por outro lado, se a precipitação for insuficiente durante a estação, a irrigação suplementar torna-se necessária para assegurar o desenvolvimento efetivo dos caules (Purseglove, 1985).

De acordo com Zafar *et al.* (2009), o alongamento do caule está linearmente relacionado com a temperatura, com uma temperatura óptima de 23°C e uma temperatura do solo de cerca de 21°C é óptima para a fotossíntese na cana-de-açúcar. As variedades de cana-de-açúcar diferem em seu grau de sensibilidade à temperatura, mas geralmente a germinação é lenta em temperaturas do solo abaixo de 18°C e será cada vez mais rápida até cerca de 35°C (Bull, 2000). Como a cana-de-açúcar é originária dos trópicos húmidos, os rendimentos são muito mais elevados quando a cultura é fornecida com água adequada, portanto, a cana-de-açúcar é normalmente irrigada (Ham *et al.,* 2000).

A radiação solar é particularmente importante na cana de açúcar devido à absorção de nutrientes minerais do solo e isso é aumentado pela presença de luz durante o dia e a absorção de água do solo é igualmente dependente da energia solar (Zhu, 1992). É imperativo que quanto maior for a exposição da cana de açúcar à luz solar, maior será o rendimento. O espaçamento próximo aumenta o rendimento por hectare onde a estação de crescimento é curta, quando a estação de crescimento é longa o suficiente, o arranjo adequado de plantas em fileiras promove uma exposição ótima à radiação solar e, portanto, maior produção (Cox *et al.,* 1994). Se a colheita for atrasada após a floração, a qualidade do açúcar será muito reduzida e isto acontece principalmente porque o açúcar armazenado nos tecidos do caule hidrolisa-se e é transportado para a inflorescência para promover o desenvolvimento (Gill, 1999).

1.4 Plantação e colheita de cana-de-açúcar

Tal como outras gramíneas, a cana-de-açúcar produzirá flores e sementes na maturação e as combinações genéticas resultantes da germinação de sementes nem sempre são desejáveis porque não podem ser reproduzidas de forma consistente, para além das eficiências de extração de açúcar que são maiores se a cana-de-açúcar for colhida antes de ter "ido para a semente" (Qi e Jiang, 2006).

De acordo com Willcox *et al.,* 2000, os pegamentos são geralmente plantados alguns dias após a colheita da cana, a fim de alcançar uma elevada frequência de germinação ou num espaçamento entre linhas de cerca de 150 cm. Os rebentos nos pegamentos plantados, ou nas bases das plantas que permanecem após a colheita, germinam dentro de duas semanas após a plantação (ou após a colheita da cultura anterior). Os pegamentos são susceptíveis de serem atacados por fungos (devido ao seu elevado teor de açúcar) e, normalmente, os pegamentos são tratados por imersão em fungicida organomercurial a 2,5%, o que ajuda a reduzir a incidência de ataques de fungos até à germinação.

Segundo Bull (2000), durante as fases iniciais da germinação, as raízes primordiais à volta dos nós do pegamento produzem um fluxo de raízes. Estas raízes não estão ligadas ao rebento primário, mas são importantes para manter a humidade nos pegamentos. O rebento primário é constituído por uma série de entrenós e nós estreitamente espaçados abaixo do solo. Cada nó desenvolve novos botões e raízes primordiais que são a base do estabelecimento das fezes. Estas raízes primordiais germinam para produzir as raízes do rebento que suportam o crescimento posterior da planta. O rebento é então independente dos pegamentos originais. Enquanto as raízes do rebento estão a desenvolver-se, alguns dos novos botões abaixo do solo também germinam para produzir rebentos secundários ou perfilhos. Estes, por sua vez, desenvolvem os seus próprios sistemas radiculares e dão origem a rebentos terciários. O alongamento do caule é inicialmente rápido e, durante esta fase, o teor de fibra do caule é elevado, enquanto o nível de concentração de açúcar é ainda bastante baixo. A seleção de variedades modernas de cana-de-açúcar para uma biomassa elevada acima do solo significa que a planta é muito pesada e, consequentemente, propensa ao acamamento. As plantas se recuperam do acamamento curvando o caule para crescer novamente na vertical. Bull (2000), também acrescentou que durante o crescimento do caule, cada entrenó opera como uma unidade independente. Enquanto tem uma folha verde agarrada, o entrenó completa o alongamento celular e o espessamento da parede celular e enche-se de sacarose. Assim, os entrenós geralmente completam o seu ciclo na altura em que a folha anexa morre e os entrenós inferiores estão essencialmente maduros enquanto a parte superior do caule ainda está a crescer. O açúcar armazenado está disponível para translocação para apoiar mais perfilhamento e/ou crescimento quando as condições não são favoráveis para a fotossíntese. Bull (2000) relatou ainda que, à medida que o caule amadurece, mais entrenós atingem a mesma condição e o conteúdo de sacarose aumenta. Durante este período, os entrenós mais recentemente expandidos perto do topo do caule param de se alongar e o fotossintato é canalizado para o armazenamento como sacarose. Os factores que afectam a maturação do caule da cana-de-açúcar incluem a idade, o estado do azoto e a humidade. Os factores ambientais podem influenciar a acumulação de sacarose, incluindo o stress hídrico, o estado dos nutrientes e a temperatura. A cana-de-açúcar é normalmente colhida cortando os caules junto ao solo 12 a 18 meses após a plantação. Toda a cana-de-açúcar na Austrália é colhida mecanicamente, o que é feito antes da floração, uma vez que o processo de floração leva à redução do teor de açúcar no caule.

1.5 População na cana-de-açúcar

O plantio de alta densidade (HDP) na produção de cana de açúcar é sinónimo de espaçamento próximo entre linhas onde são necessários mais sulcos e materiais de plantio. Portanto, o espaçamento próximo pode ser vantajoso em certas condições, tais como em altitude elevada, onde a luz solar é deficiente e as temperaturas são bastante baixas; quando as variedades de cana-de-açúcar utilizadas têm um hábito de crescimento ereto e têm folhas estreitas; quando o ciclo de crescimento é curto (< 12 meses); em condições húmidas com operações agrícolas mecanizadas mínimas.

O espaçamento entre linhas na cana-de-açúcar varia de país para país e é influenciado por fatores como clima, variedade, requisitos de máquinas e projetos de irrigação (Bull e Bull, 2000). O espaçamento entre linhas mais comum para o estabelecimento da cana de açúcar varia entre 1,2 - 1,6 m (entre linhas) e 0,4-0,6 m (entre talhões), embora o espaçamento próximo de 0,9 m e o espaçamento largo de 1,8 m tenham sido adoptados ocasionalmente. O espaçamento largo entre linhas de cana (1,6 - 1,8 m) tem implicações importantes para o potencial de rendimento, embora seja ideal para operações mecanizadas de cana de açúcar. RASITC (2000) descobriu que o perfilhamento pesado e a produção de raízes envolvem um desvio de fotossintato dos caules primários e dos perfilhos, e isso limita o potencial de rendimento final.

1.6 Polinização na cana-de-açúcar

A ocorrência da floração em condições de campo é variável, influenciada pela variedade e pelas condições ambientais. A floração é mais fiável e ocorre mais cedo entre as latitudes 7° e 12° e mais tarde a norte e a sul na região tropical (Fauconnier 1993; Moore e Nuss, 1987). A floração no norte da Austrália (latitude 15°-20°) começa no início de maio. A iniciação da floração faz com que o meristema apical passe do desenvolvimento vegetativo para o desenvolvimento floral, fazendo com que o alongamento do caule cesse e, consequentemente, a floração da cultura pode afetar o rendimento. Os caules mais velhos e mais vigorosos em um talo são os mais prováveis de iniciar a floração (Moore e Nuss, 1987). A capacidade da cana de açúcar de se reproduzir sexualmente não foi reconhecida até 1888 e o desenvolvimento floral é iniciado pelo encurtamento do comprimento do dia para um valor intermediário, e ocorre na Austrália de meados de fevereiro a meados de março (Cox *et al.,* 2000). As temperaturas nocturnas frias, as temperaturas diurnas elevadas e a falta de humidade interferem com o início da floração. As flores levam de dois a três meses para amadurecer após a iniciação.

A cana de açúcar é uma espécie de polinização cruzada, embora a autofecundação ocorra em níveis baixos (McIntyre e Jackson 1995; Moore e Nuss, 1987). Embora as flores de cana de açúcar frequentemente tenham fertilidade masculina reduzida, elas raramente são macho-estéreis. O pólen da cana de açúcar é muito pequeno, peludo e disperso pelo vento. Ele é rapidamente dessecado após a deiscência, tendo uma meia-vida de apenas 12 minutos, e não é mais viável além de 35 minutos, sob condições ambientais não modificadas (26,5° C e 67% de umidade relativa) (Moore 1976; Venkatraman, 1922). Como resultado, não se espera que o pólen viável se disperse muito no campo. O pólen de cana de açúcar armazenado a 4°C sob 90 -100 % de humidade relativa retém alguma viabilidade até 14 dias (Moore e Nuss, 1987). Como a intensidade da floração de Saccharum depende da interação entre as cultivares e os factores ambientais, como a duração do dia e a temperatura, algumas variedades podem florescer profusamente no seu ambiente natural, mas florescem com moderação quando introduzidas noutras regiões (Bull e Glasziou, 1963). O programa de melhoramento da cana de açúcar é severamente limitado pela natureza da floração de cada variedade de cana de açúcar, especialmente a diminuição da floração e viabilidade do pólen em altas latitudes (Dunckelman e Legendre, 1982). No entanto, a reprodução controlada também é possível quando cultivares de baixa viabilidade de pólen são usadas como um pai feminino enquanto cultivares de baixa viabilidade de semente são usadas como um pai masculino da mesma forma. Muitas vezes podem ser efectuados cruzamentos, mas apenas entre variedades que tenham um período de floração sobreposto. Foram desenvolvidas várias técnicas, incluindo a alteração do fotoperíodo, que pode induzir a floração de modo a que as flores possam estar disponíveis para cruzamento quando necessário (Bull e Glasziou, 1963).

A semente de cana-de-açúcar ou "penugem" é toda a panícula floral sem o eixo principal da flor e os eixos laterais maiores. A penugem madura é constituída pelo fruto seco maduro (cariopse), glumas, pêlos do calo, anteras e estigma. As partes supérfluas da inflorescência são geralmente manuseadas, armazenadas e semeadas com a semente porque não é prático separá-las. Embora muitas variedades comerciais de cana de açúcar possam produzir sementes, a penugem só é utilizada no programa de melhoramento, uma vez que a proporção de plântulas de cana de açúcar com qualidades agronómicas próximas das dos clones comerciais parentais é extremamente baixa. A penugem da cana de açúcar tem uma vida curta, perdendo 90% da sua viabilidade em 80 dias a 28°C se não for dessecada. A criação de cana de açúcar é altamente sensível à variabilidade climática e aos extremos climáticos, como secas, inundações e tempestades (Qi e Jiang, 2006). Entre os factores ambientais que têm impacto no cultivo da cana de açúcar estão as temperaturas, a distribuição da precipitação, o fotoperíodo, a ocorrência intermitente de temperaturas nocturnas inferiores a 18° C, durante o período de indução floral, reduz a intensidade da floração e/ou atrasa a emergência das plântulas (Olaoye, 1996). Enquanto a ocorrência frequente de temperaturas diurnas superiores a 31° C, actuando isoladamente ou em combinação com o stress de humidade, também tem sido implicada na redução semelhante da intensidade da floração ou no atraso da emergência, também resulta no aborto do pólen ou na perda permanente de pólen, o que limita a manipulação cruzada por parte dos criadores durante o período de cruzamento (Qi e Jiang, 2006). Além disso, o estudo realizado na Nigéria mostrou que a quantidade e a distribuição da precipitação durante a floração afectam a viabilidade do pólen e a fixação da semente na cana de açúcar (Olaoye, 1996)

1.7 Declaração do problema

A cana-de-açúcar é a principal matéria-prima a partir da qual o açúcar é fabricado. Assim, as variedades de baixo rendimento constituíram o maior obstáculo ao aumento da produção de açúcar no país (Olaoye, 1999). A produção industrial de açúcar refinado começou em 1964 na Nigeria Sugar Company (NISUCO), atualmente Josepha Sugar Company, Bacita, a que se seguiu o principal produtor nacional de açúcar refinado, a Savannah Sugar Company Limited (SSCL), Numan, Estado de Adamawa, em 1986, que iniciou a produção comercial em 1980. Foram criadas outras fábricas mais pequenas em Lafiagi (Estado do Kwara) em 1993, Sunti (Estado do Níger) em 1994 e Sara (Estado de Jigawa) em 1994 (Olaoye, 1999).

Apesar da importância da cana-de-açúcar, a inadequação de cultivares de alto rendimento tem sido um dos principais factores que influenciam a variação no rendimento da cana-de-açúcar. Outros incluem a falta de adaptação aos ecossistemas e a suscetibilidade às principais pragas e doenças.

1.8 Justificação

A cana para mascar é principalmente mastigada na sua forma natural pelo seu sumo doce, embora a população local transforme frequentemente parte dela em várias formas de produtos açucarados, como o açúcar mascavado. No entanto, apesar da longa história de cultivo comercial da cana-de-açúcar na Nigéria, que remonta à década de 1950, a indústria açucareira continua grosseiramente subdesenvolvida e as necessidades de açúcar do país continuam a ser largamente inadequadas a partir de fontes internas, apesar das condições agro-climáticas e edáficas favoráveis à produção de cana-de-açúcar. Isto pode ser devido ao baixo nível de produção de cana industrial no país. De acordo com Glaz (2000), a produção de cana de açúcar nunca pode ser melhorada a menos que variedades e tecnologias melhoradas e promissoras sejam adoptadas em larga escala. Isso sugere, portanto, que há uma necessidade urgente de desenvolver variedades de cana-de-açúcar com alto potencial de produção de açúcar e que sejam adaptadas às condições ecológicas de Sokoto.

1.9 Finalidade e objectivos do estudo

O objetivo do estudo é avaliar genótipos de cana-de-açúcar recentemente desenvolvidos, o que será alcançado com os seguintes objectivos:

i- determinar o potencial de rendimento dos novos genótipos de cana-de-açúcar desenvolvidos.

i- estimar a hereditariedade em sentido lato para os caracteres da cana-de-açúcar que podem ser utilizados na seleção para uma elevada produtividade da cana e

iii- determinar a correlação e a análise de trajetória entre o rendimento da cana e os caracteres relacionados.

CAPÍTULO 2

REVISÃO DA LITERATURA

2.1 Variabilidade genética e hereditariedade

As variedades de cana-de-açúcar em cultivo comercial são de poliploidia complexa. A natureza heterozigótica e poliploidia desta cultura resultou na geração de maior variabilidade genética. Assim, a informação sobre a natureza e a magnitude da variabilidade presente no material genético é de importância primordial para um criador iniciar qualquer programa de seleção eficaz (Tyagi e Singh, 1998). Além disso, os coeficientes de variação genotípica e fenotípica, juntamente com a hereditariedade e o avanço genético, são muito essenciais para melhorar qualquer caraterística da cana-de-açúcar, porque isso ajudaria a saber se o objetivo desejado pode ou não ser alcançado a partir do material. O sucesso económico da indústria sul-africana de cana-de-açúcar deve-se a um programa de melhoramento eficiente e à libertação de novas variedades, bem como à utilização de variedades de cana-de-açúcar adaptadas a uma série de condições ambientais diferentes. Por exemplo, para que o programa de melhoramento da cana-de-açúcar seja bem sucedido, é importante saber quais os traços que dão as estimativas mais elevadas de hereditariedade e quais os traços mais repetíveis ao longo de várias estações. A maior parte dos criadores de cana-de-açúcar seleciona novos clones a partir de grandes populações de plântulas, mas dois dos critérios que determinam a aceitabilidade comercial da cana-de-açúcar são a elevada produção de cana e um teor de sacarose aceitável, sendo estes traços também uma ferramenta útil na seleção de um grande número de genótipos nas fases iniciais da seleção (Qi e Jiang, 2006).

2.2 Correlação

O melhoramento da cana-de-açúcar envolve a produção e avaliação de vários milhares de plântulas de diferentes cruzamentos todos os anos, seguida da seleção das plântulas superiores para avaliação posterior (Sundaresa e Shunmugasundaram, 1979). A seleção subsequente em gerações clonais sucessivas exige uma quantidade considerável de trabalho e de fundos (Chen e Zhu, 2003).

A compreensão da associação entre os tons de sacarose e os caracteres de qualidade e de caule da cana servirá como um guia útil na seleção de caracteres que favorecem o aumento da produção de açúcar (Olaoye, 1987). De acordo com Sandeep *et al.*, (2001), existe uma associação entre o rendimento do caule, o rendimento do sumo e o brix, uma vez que estas caraterísticas têm uma relação direta com o rendimento em açúcar. Por conseguinte, o melhoramento destas caraterísticas melhora automaticamente o rendimento em açúcar. No entanto, a correlação entre o rendimento e os caracteres que o compõem é muitas vezes enganadora, uma vez que é afetada pelas inter-relações entre os caracteres que o compõem, porque o vigor é selecionado visualmente no campo (RASITC, 2000).

Ao determinar as inter-relações entre os componentes do rendimento, é possível obter uma melhor compreensão dos efeitos diretos e indirectos dos componentes específicos (James, 1971). Foram relatados efeitos positivos diretos do número de caules, do diâmetro dos caules, do comprimento dos caules e do peso da cana única no rendimento da cana (Hogarth, 1971).

2.3 Análise do coeficiente de caminho

Os melhoradores de plantas selecionam geralmente apenas algumas caraterísticas e é muito importante conhecer os efeitos destas sobre outros caracteres importantes (Kang *et al.*, 1989). O coeficiente de caminho é um excelente meio de estudar os efeitos diretos e indirectos de componentes inter-relacionados de uma caraterística complexa (Kang *et al.*, 1989). A análise do coeficiente de caminho mede a influência direta de uma variável sobre outra (Dewey e Lu, 1959). Cada coeficiente de correlação entre uma variável de previsão e a variável de resposta é dividido nas suas partes componentes: o efeito direto ou coeficiente de caminho (um coeficiente de regressão parcial padronizado) para a variável de previsão e os efeitos indirectos, que envolvem o produto de um coeficiente de correlação entre duas variáveis de previsão com o coeficiente de caminho apropriado no diagrama de caminho (Dewey e Lu, 1959). A análise do coeficiente de caminho mede a influência direta de uma variável sobre outra. Cada coeficiente de correlação entre uma variável de previsão e a variável de resposta é dividido nas suas partes componentes (Singh *et al.*, 1994).

Ao determinar as inter-relações entre os componentes do rendimento de grãos, é possível obter uma melhor compreensão dos efeitos diretos e indirectos dos componentes específicos. Hogarth (1971),

Chaudhary *et al.*, (1994) e James (1971) relataram que os efeitos do número de colmos, diâmetro do colmo, comprimento do colmo e peso da cana única no rendimento da cana foram os componentes de rendimento mais importantes.

2.4 Rendimento em cana-de-açúcar

O rendimento da cana-de-açúcar depende de uma série de factores. Agrónomos e criadores adoptaram estudos de componentes de rendimento através de correlação e análise de coeficiente de caminho, como uma estratégia de melhoramento de culturas. O conceito de correlação é utilizado para explorar e revelar a relação entre o rendimento e os seus componentes. Também se revelou valioso na determinação da associação de atributos quantitativos com o rendimento para selecionar caracteres que influenciam o rendimento. Foram efectuados vários estudos (Brown *et al.*, 1968; Hebert e Henderson, 1959) para avaliar a relação entre diferentes caracteres da cultura da cana. Hebert (1967) observou uma associação positiva significativa entre a produção de cana e o peso do caule, mas não entre a produção de cana e a circunferência do caule das variedades de cana-de-açúcar, tendo também encontrado uma associação positiva entre a produção de cana e o número de caules, o diâmetro do caule, o comprimento do caule e o peso do caule, mas não classificou estes atributos por ordem de importância para determinar a produção de cana. Análises de correlação fenotípica conduzidas por Singh (1985) revelam que a produção de cana; açúcar de cana comercial, cana moída, e altura do talo tiveram uma associação altamente significativa entre si. Thakur *et al.*, (1989) e Yahaya, *et al.*, (2007) relataram a existência de uma correlação positiva e significativa entre o rendimento da cana e o diâmetro da cana e o número de canas moíveis por hectare.

Salih e Khadir (1975) observaram que, enquanto a correlação mede simplesmente a associação mútua aparente entre duas variáveis sem ter em conta a causa, a análise da trajetória especifica as causas e mede a sua importância relativa. Os estudos de análise do coeficiente de caminho realizados por Gravious (1991) mostram que o número de caules aumentou diretamente o rendimento da cana, enquanto o comprimento e a densidade dos caules exerceram um efeito direto negativo moderado no rendimento da cana. Yahaya *et al.*, (2007) estabeleceram, através de uma análise de trajetória, que o comprimento do caule e o número de canas moíveis eram os caracteres componentes importantes do rendimento da cana e do açúcar, enquanto a polaridade e as percentagens de fibra eram os caracteres mais importantes do teor de sacarose.

CAPÍTULO 3

MATERIAIS E MÉTODOS

3.1 Sítio experimental

A experiência de campo foi realizada no terreno de Fadama, por detrás do alojamento do vice-reitor da Universidade Usmanu Danfodiyo de Sokoto durante as épocas de cultivo de 2011/ 2012 e 2012/2013. Sokoto situa-se na zona agro-ecológica da Savana do Sudão, na Nigéria, entre a latitude 13^{0} 08 N e a longitude 5^{0} 15 E, a uma altitude de cerca de 350 m acima do nível do mar. A precipitação média anual é de cerca de 752 mm, enquanto as temperaturas mínima e máxima são de 26^{0} C e 35^{0} C, respetivamente. A humidade relativa é de 23-41% e a área é caracterizada por uma longa estação seca com ar fresco durante o hammattan (novembro - fevereiro), enquanto o ar seco predomina durante a estação quente de março a maio, seguida de uma curta estação chuvosa (Bello, 2006).

3.2 Tratamento e conceção experimental

Foram avaliados catorze híbridos de cana-de-açúcar e um controlo local. Os híbridos foram obtidos no Unilorin Sugar Research Institute (USRI), Ilorin. Os pormenores dos materiais experimentais são apresentados no quadro 3.1. A experiência foi organizada num esquema de blocos completos aleatórios (RCBD), em três réplicas. Foram colocadas oito estacas de cana com três olhos numa fila. A parcela bruta tinha 17m x 45m ($765m^2$), enquanto a parcela líquida tinha duas fileiras de 5m x 2m e 0,6m entre fileiras e 1,5m entre fileiras.

Tabela 3.1: Lista dos materiais genéticos utilizados na experiência

S/N	Genótipos	Utilização principal
1	ILS-001,	açúcar
2	USRI/08/85,	açúcar
3	USRI/08/43,	açúcar
4	USRI/08/80,	açúcar
5	CO957,	açúcar

6	USRI/08/63,	açúcar
7	USRI/08/03,	açúcar
8	USRI/08/87,	açúcar
9	USRI/08/68,	açúcar
10	ILS-002,	açúcar
11	CO6806,	açúcar
12	USRI/08/58,	açúcar
13	USRI/08/16,	açúcar
14	USRI/08/46	açúcar
15	controlo local (Yar Ilela).	Mastigação

A terra foi preparada com enxada para fazer sulcos em 10/11/2011, a irrigação foi feita semanalmente antes do estabelecimento da chuva, o fertilizante NPK em 150kg N, 60kg $P_2 0_5$ e 90kg K_2 O/ha foi aplicado em metades iguais (em dose dividida) no plantio e 10 semanas após o plantio, herbicidas pré-emergentes 2,4-D amina e 2,4-D éster foram usados e uma capina suplementar com enxada foi realizada 15 semanas após o plantio.

3.3 Procedimento de análise do solo

As amostras compostas das profundidades de 0-15cm e 15cm-30cm foram retiradas aleatoriamente do local experimental. As amostras foram misturadas no laboratório, secas ao ar e peneiradas através de um peneiro de 2 mm e utilizadas para análises físicas e químicas. O pH do solo foi determinado utilizando o medidor de pH e a análise do tamanho das partículas foi efectuada utilizando o método do hidrómetro de Bouyoucos (Bouyoucos, 1951).

A classe textural foi determinada utilizando o triângulo textural. O azoto total foi determinado pela técnica de destilação por digestão Macro-kjeldahl e o fósforo disponível foi também determinado pelo método Bray n.º 1 (Bray e Kurtz, 1945). O cálcio, o potássio, o magnésio, o sódio, o carbono orgânico e a capacidade de troca catiónica (C.E.C.) foram determinados utilizando um procedimento prescrito por Page *et al.* (1982). A análise física mostrou que o solo é argilo-argiloso, enquanto a análise química mostrou que a reação do solo era moderadamente ácida e o carbono orgânico era moderado. O teor de N. total disponível, P. permutável e K. também eram moderados, enquanto a CEC e as bases permutáveis (Na, Ca e Mg) eram moderadas. Os pormenores são apresentados no Quadro 3.2

3.4 Recolha de dados

3.4.1 Contagem de rebentos

A contagem dos rebentos foi efectuada através da contagem das plântulas emergidas às duas, quatro e seis semanas após a plantação,

3.4.2 Contagem de lavradores

A contagem dos perfilhos foi efectuada através da contagem dos rebentos secundários aos três, seis, nove e doze meses após a plantação.

3.4.3 Comprimento do caule (cm)

As amostras de cinco caules da parcela de rede foram utilizadas para medir o comprimento do caule desde o solo até à barbela visível, utilizando uma régua métrica, tendo sido registada a média para cada entrada.

3.4.4 Número de talos por fezes

Para o efeito, contou-se o número de caules por banco de cinco bancos selecionados aleatoriamente por parcela de rede.

3.4.5 Peso do caule (kg)

Cinco talos selecionados ao acaso foram cortados na base e cada peso foi tomado separadamente por cada parcela da rede, utilizando uma balança e registando a média para cada parcela.

3.4.6 Perímetro do caule (cm)

A medição é efectuada. A amostra de cinco caules da parcela em rede seria utilizada para medir a circunferência com um calibre de vernnier.

3.4.7 Talo moível por parcela

A contagem foi efectuada através da contagem do número total de caules moídos por parcela de rede (ou seja, caules com diâmetro superior a 1,5 cm).

3.4.8 O rendimento da parcela líquida

O rendimento da área líquida da parcela foi pesado separadamente e extrapolado para kg por hectare.

3.4.9 Podridão radicular e míldio

Esta foi medida através da utilização de uma escala baseada na gravidade, ou seja, 1 designado como não afetado, 2 ligeiramente afetado, 3 moderadamente afetado, 4 muito afetado e 5 muito afetado.

3.4.10 Perseguir o crack

A fissura também foi obtida através da utilização de uma escala baseada na gravidade, ou seja, 1 não inclinada, 2 ligeiramente inclinada, 3 moderadamente inclinada, 4 muito inclinada e 5 muito inclinada.

3.4.11 Refratómetro Brix (%)

O brix final foi medido antes da colheita, utilizando um refratómetro manual e um punção aos 12 meses após a plantação (Pratos 1 e 2)

Os dados obtidos foram analisados com recurso ao Statistical Analysis Systems (SAS) (2003). Em seguida, foi utilizado o modelo estatístico descrito por Bohren, *et al.* (1961) para as formas de análise geral de variância.

Placa (I) Observação do nível de sólidos solúveis totais no caule da cana-de-açúcar

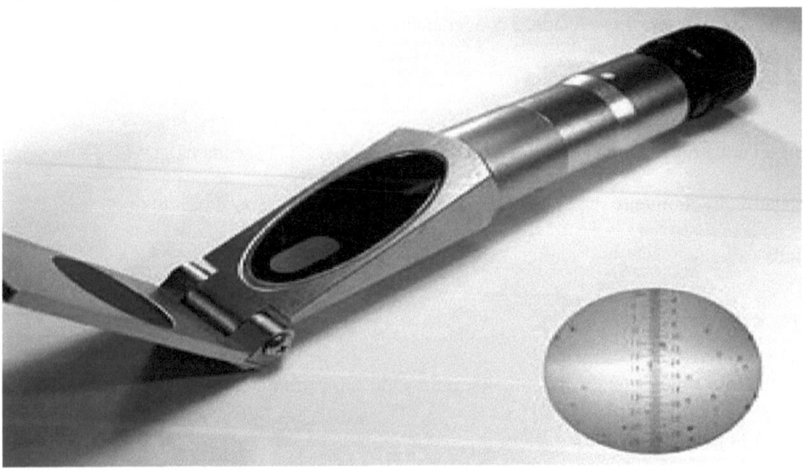

Placa (II) Refratómetro manual (esquerda) e respectiva graduação do índice de refração (direita) utilizados para medir o teor de brix na cana-de-açúcar.

3.5 Análise estatística

Os dados obtidos foram analisados com recurso ao Statistical Analysis Systems (SAS) (2003). Em seguida, foi utilizado o modelo estatístico descrito por Bohren, *et al.* (1961) para as formas de análise geral de variância.

3.5.1 Análise de variância

A análise de variância (ANOVA) foi utilizada para determinar o desempenho médio dos genótipos apresentados no Quadro 3. As diferenças significativas entre as médias dos tratamentos foram separadas utilizando o teste de intervalo múltiplo de Duncan (DNMRT)

Quadro 3a: Formato da análise de variância (AOVA) para uma estação

Source of variation	df	MS	EMS
Replication (r)	(r-1)	M3	
Genotype (g)	(g-1)	M2	$\delta^2 g + r\,\delta^2 g$
Error (e)	(g-1)(r-1)	M1	$\delta^2 e$
Total	(gr-1)		

Tabela 3b: Formato da análise de variância combinada (AOV) ao longo dos estádios de colheita

Source of variation	df	MS	EMS
Harvest Stage (HS)	(h-1)	M5	
Rep/HS	h (r-r)	M4	
Genotype (G)	(g-1)	M3	$\delta^2 e + r\,\delta^2 gh + r\,h\delta^2 g$
Genotype x Harvest Stage	(h-1) (g-1)	M2	$\delta^2 e + r\,\delta^2 gh$
Pooled Error		M1	$\delta^2 e$
Total	hgr-1		

e = Erro, r = Replicação, g =Número de genótipos, δ^2 g = Variância genotípica total entre genótipos, δ^2 e = Variância do erro, r δ^2 g Número de replicações para a variância genotípica, H = Colheita, HS = Fase de colheita, M5 = Quadrado médio da fase de colheita, M4 = Replicação do quadrado médio da fase de colheita, M_3 = Quadrado médio da replicação, M_2 = Quadrado médio do genótipo, M_1 = Quadrado médio do erro agrupado, EMS = Quadrado médio do erro MS = Quadrado médio

3.5.2 Estimativa de hereditariedade

Estimativa da hereditariedade em sentido lato

A hereditariedade em sentido lato foi estimada utilizando as fórmulas descritas por Fehr (1987)

$$h^2 = \frac{\delta^2 g \times 100}{\delta^2 ph}$$

δ^2 g =Variância genotípica

δ $p^2{}_h$ = Variância fenotípica

Placa (I) Observação do nível de sólidos solúveis totais no caule da cana-de-açúcar

3.5.3 Coeficiente de correlação entre caraterísticas

A estimativa da correlação foi calculada utilizando as fórmulas descritas por (Wright, 1921).

Correlação fonotípica: $$rp_{xy} = \frac{\sigma p_{xy}}{\sqrt{(\sigma^2 p_x)(\sigma^2 p_y)}}$$

Onde: rp_{xy} = Coeficientes de correlação fenotípica entre as caraterísticas x e y.

σp_{xy} = Variância fenotípica das caraterísticas x e y.

σp_x = Variância fenotípica da caraterística x.

σp_y = Variância fenotípica da caraterística y.

Onde: r = Número de réplicas

e = Erro, r = Replicação, g =Número de genótipos, δ^2 g = Variância genotípica total entre genótipos, b^2 e = Variância do erro, r δ^2 g=Número de replicações para a variância genotípica, H = Colheita, HS = Fase de colheita, M5 = quadrado médio da fase de colheita, M4 = quadrado médio da replicação da fase de colheita, M_3 = quadrado médio da replicação, M_2 = quadrado médio do genótipo, M_1 = quadrado médio do erro agrupado, EMS = quadrado médio do erro MS = quadrado médio

Correlação genotípica:

$$rg_{xy} = \frac{\sigma g_{xy}}{\sqrt{(\sigma^2 g_x)(\sigma^2 g_y)}}$$ Onde

rg_{xy} Coeficientes de correlação genotípica entre as caraterísticas x e y

σg_{xy} = covariância genotípica das caraterísticas x e y.

σg_x = variância genotípica das caraterísticas x e y.

σg_y = variância genotípica da caraterística y.

3.5.4 Análise do coeficiente de caminho

As análises dos coeficientes de caminho fenotípico e genético foram obtidas a partir da solução simultânea das equações

P1 4 + r1 2 P2 4 + r1 3 P3 4 = r1 4

r1 2 P1 4 + P2 4 + r2 3 P3 4 = r2 4

r1 3 P1 4 + r2 3 P2 4 + P3 4 = r3 4

Em que Pij : coeficientes de trajetória e rij : coeficientes de correlação entre os pares dos seguintes elementos

Caraterísticas: número de caules por planta (1), comprimento do caule (2), diâmetro do caule (3) e peso da planta (4). Expressas em forma de matriz, as equações acima podem ser escritas como

r P = c e

os coeficientes da via direta

Pi 4 *(i* = 1, 2, 3) pode ser estimado como

P = r-1 c

Onde P: o vetor dos coeficientes de caminho direto, r-1: o inverso da matriz de correlação dos traços, e c: o vetor de correlação dos traços um a três com o traço quatro. O coeficiente de caminho indireto foi calculado conforme descrito por Dewey e Lu (1959), utilizando um conjunto definido *a priori* de relações de causa e efeito. O efeito residual direto não contabilizado (PX4) que influenciou o peso das plantas foi calculado como PX 4 =[1 - coeficiente de determinação (R2)]½ e o coeficiente de determinação foi calculado como R2 = P2 1 4 + P2 2 4 + P2 3 4 + 2P1 4r1 2P2 4 +2P1 4r1 3P3 4 + 2P2 4r2 3P3 4.

CAPÍTULO 4

RESULTADOS

4.0 RESULTADOS

A Análise de Variância para os genótipos revelou que, os resultados dos desempenhos médios dos genótipos para brotação e contagem de perfilhos na cultura de plantas durante a estação de crescimento de 2012 Tabela 3 a. Não houve diferença significativa entre os genótipos para brotação em duas semanas após o plantio (WAP). No entanto, diferenças significativas ($P \leq 0,05$) foram observadas entre os genótipos para a contagem de brotos em 4 e 6 WAP. Aos quatro DAP, o controlo local registou a maior contagem média de rebentos de 6, enquanto os genótipos USRI/08/46 não registaram qualquer rebentação. Aos 6 DAP, um terço dos genótipos eram estatisticamente semelhantes para a germinação, enquanto o menor foi registado no USRI/08/03 (Quadro 3a).

Os resultados da contagem de perfilhos indicaram uma diferença significativa ($P \leq 0,05$) entre os genótipos de cana de açúcar aos 3, 6, 9 e 12 meses após o plantio (MAP) (Tabela 3). Aos três MAP, apenas ILS-002 e USRI/08/63 foram superiores aos outros genótipos, mas a tendência mudou no início dos 9 MAP, quando quase metade das variedades eram estatisticamente semelhantes. Aos nove MAP, os genótipos USRI/08/58, foram estatisticamente similares com 179, 167, 154 e 140. Enquanto que aos 12 MAP a contagem de perfilhos diminuiu para, menos de um terço eram similares os genótipos USRI/08/58, USRI/08/87, ILS-002 e ILS-001 registaram uma contagem média de perfilhos de 183, 172, 158 e 148 perfilhos.

Tabela 4a: Desempenho médio de 15 genótipos de cana-de-açúcar quanto à capacidade de brotação e perfilhamento na Universidade Usmanu Danfodiyo, Sokoto, durante a estação de crescimento de 2012.

Variedades	SC2WAP (não.)	4WAP (não.)	6WAP (não.)	TC3MAP (não.)	6MAP (não.)	9WAP (não.)	12MAP (não.)
ILS-001	0	2bc	8abc	147b	122ab	140abcd	148.abcd
USRI/08/85	0	0c	3de	14b	97abcd	113.0cde	132bcd
USRI/08/43	0	1c	3de	13b	100abcd	127bcd	131bcd

USRI/08/80	0	2bc	5bcde	15b	73bcd	105de	104de
CO957	0	1c	4bcde	12b	131a	120cde	131bcd
USRI/08/63	0	1bc	5bcde	26a	106abc	127bcd	144abcd
USRI/08/03	0	0c	2e	10b	83.abcd	112cde	120cde
USRI/08/87	0	1c	5bcde	10b	56cd	167ab	172ab
USRI/08/68	0	0c	4bcde	13b	87abcd	111cde	124cde
ILS-002	0	3b	8ab	32a	134a	154abc	158abc
CO6806	0	1bc	3de	13b	63cd	116cde	125cde
USRI/08/58	0	1.00c	4cde	10b	73bcd	179a	183a
USRI/08/16	0	2.00bc	7abcd	12b	67cd	106de	122cde
USRI/08/46	0	0.00c	4bcde	7b	60cd	131bcd	130cd
VERIFICAR	0	6a	10a	11b	53d	79.e	84e
SED	ns	0.63	1.22	3.17	15.25	12.82	12.78

As médias com a(s) mesma(s) letra(s) numa coluna não são significativamente diferentes ao nível de significância de 5%, de acordo com o teste DMRT (Duncan's multiple range tests) SCWAP=Semana após a plantação TC3M=Contagem de perfilhos aos três meses, TC6M=Contagem de perfilhos aos seis meses, TC9M=Contagem de perfilhos aos nove meses, TC12M=Contagem de perfilhos aos doze meses

O desempenho médio dos genótipos de cana-de-açúcar em relação ao crescimento e atributos de rendimento são apresentados na Tabela 4a, diferenças significativas ($P \leq 0{,}05$) foram registadas entre os genótipos para todos os caracteres medidos ou estimados. Em termos de comprimento do caule, os genótipos USRI/08/87 registaram o valor mais elevado de 4,6 m, enquanto o controlo local teve o valor mais baixo de 2,67 m. A maior média de perímetro do caule foi observada para o ILS-002, enquanto a menor foi registada pelo USRI/08/80. O híbrido USRI/08/16 teve o maior número de entrenós/colmo, enquanto o controlo local teve o menor. O maior comprimento de entrenó foi observado no USRI/08/16, o CO957 teve o menor comprimento de entrenó. No que respeita ao índice de gravidade da doença do carvão, o genótipo USRI/08/03 teve a classificação mais elevada, enquanto os genótipos USRI/0843, USRI/08/16 e USRI/08/46 registaram a classificação mais baixa. A avaliação da gravidade da podridão radicular também indicou que, o controlo local teve 4, enquanto o C06806 teve uma pontuação de 1. A progénie USRI/08/58 mostrou superioridade para a maioria dos caracteres, exceto para a produção de cana, onde ficou em terceiro lugar.

Diferenças significativas (P ≤ 0,05) foram registradas entre os híbridos na cultura de soqueira para os parâmetros de perfilhos (Tabela 5a) A contagem de perfilhos aos três MAP todos os híbridos foram estatisticamente semelhantes, exceto em Co6806, ILS-002 e USRI/08/85, respetivamente, enquanto aos seis MAP, revelou que quase metade dos híbridos eram semelhantes para esta caraterística. Aos nove MAP, todos os híbridos também foram semelhantes e aos 12 MAP, exceto USRI/08/16, USRI/08/80, USRI/08/63, USRI/08/03 e o controlo. A variedade CO957 apresentou uma diferença significativa para o caule/colmo, enquanto que a menor diferença foi registada no controlo. Todos os híbridos foram semelhantes, exceto para o comprimento do caule Co957, enquanto os genótipos foram semelhantes para a circunferência do caule e o número de entrenós/caule.

Quadro 4b: Desempenho médio de 15 genótipos de cana-de-açúcar em parâmetros de crescimento e rendimento avaliados na Universidade Usmanu Danfodiyo, Sokoto, durante a época de crescimento de 2012.

Variedades	S/S (não.)	SL (m)	SG (mm)	I/S (não.)	IL (cm)	MC (não.)	FB (%)	SSW (kg)	CWPP Kg/ha
ILS-001	22c	4.10b	2.63bc	26bcd	13.6abc	147ab	19.20bcd	1,50ab	119150b
USRI/08/85	22cd	3,57ef	2.50cd	25d	13.5bc	133bc	17,87de	1,60ab	105150b
USRI/08/43	21cde	3.90bcd	2.43cd	26cd	14.1ab	129bc	18.27de	1,57ab	107200b
USRI/08/80	18f	3,47fg	1.80f	29abc	13.7abc	104cd	20,33abc	1.07bc	60600b
CO957	25b	3.23g	1,90ef	28abc	12.1d	131bc	21.60a	1.17bc	143800a
USRI/08/63	19ef	4.47a	2.17def	29a	13.5bc	132bc	19.47bcd	1,37abc	90800b
USRI/08/03	20de	3,73cdef	2.43cd	28ab	14.0abc	119bcd	17.07e	1,47ab	90500b
USRI/08/87	21cde	4.60a	2.60bc	29a	13.9abc	170a	18.67cde	1,37abc	118750b
USRI/08/68	19ef	4.03bc	2.63bc	27abcd	13.7abc	124bc	18.13de	1,51ab	106800b
ILS-002	20de	3.93bcd	3.03a	26bcd	13.8abc	156ab	17,73de	1.87a	14150b
CO6806	23c	3.80bcde	2.40cd	29abc	13.5bc	124bc	21.07ab	0.87c	75000b
USRI/08/58	27a	3.63def	2.27cde	28abc	13.3bc	183a	18.00de	1,47ab	136450b
USRI/08/16	25b	3,73cdef	2,47cd	30a	14.6a	122bc	19.0cde	1,37abc	91350b
USRI/08/46	26b	3.50efg	1,90ef	28abc	14.0abc	129bc	20,53abc	1.10bc	80100b
VERIFICAR	11g	2.67h	2,93ab	21e	13.0c	83d	12.60f	1.83a	66100b
S ED	**0.62**	**0.09**	**0.11**	**0.72**	**0.003**	**11.95**	**0.58**	**0.16**	**198.43**

As médias com a(s) mesma(s) letra(s) numa coluna não são significativamente diferentes ao nível de significância de 5%, de acordo com o teste DMRT (Duncan's multiple range tests). S/S=Stalks/Stool,

SL=Stalk length(m), SG=Stalk Girth (mm), I/S= Internodes/stalk, IL= Internodes Length (cm), MC=Milliable Cane, FB=Final brix (%), SSW= single stalk weight(kg), CWPP=Cane weight Per plot (kg/ha)

Tabela 5a Desempenho médio de 15 híbridos de cana-de-açúcar para parâmetros de perfilho na primeira safra de 2013.

Variedades	TC3 (não.)	TC6 (não.)	TC9 (não.)	TC12 (não.)	SS (não.)	SL (m)	SG (mm)	IS (não.)
ILS-001	56abc	159ab	180a	176ab	19d	4.27b	2.83a	21a
USRI/08/85	39c	140abcde	116a	381a	25bcd	3.43b	2.53a	27a
USRI/08/43	58abc	129abcdef	166a	165ab	20cd	4.20b	3.60a	27a
USRI/08/80	57abc	58gh	130a	121b	17d	3.43b	2.73a	29a
CO957	92a	156abc	184a	184ab	36a	3.37b	3.07a	25a
USRI/08/63	76abc	133abcdef	118a	125b	29abc	4.4b	3.00a	27a
USRI/08/03	67abc	86fgh	138a	86b	17d	3.87	82.73a	27a
USRI/08/87	83ab	105defg	176a	166ab	30abc	3.23b	2.97a	25a
USRI/08/68	64abc	94efgh	175a	167ab	25bcd	3.87b	2.83a	26a
ILS-002	42c	155abcd	174a	173ab	30abc	3.65b	3.30a	26a
CO6806	52bc	108cdef	153a	159ab	20cd	5.23a	2.70a	26a
USRI/08/58	67abc	164a	176a	152ab	33ab	4.07b	2.57a	25a
USRI/08/16	70abc	112bcdef	168a	145b	22cd	4.15b	2.75a	28a
USRI/08/46	62abc	108cdef	164a	155ab	17d	3.80b	2.80a	23a
VERIFICAR	72abc	53h	117a	68b	17d	3.03b	6.67a	25a
SED	11.78	15.18	19.82	68.81	3.16	0.81	1.73	2.8
CV (%)	31.95	22.44	22.04	73.74	22.87	35.17	86.07	18.5

As médias que não partilham uma letra comum numa coluna diferem significativamente ao nível de 0,05% de probabilidade. TC3MAP=Contagem de perfilhos aos três meses, TC6MAP=Contagem de perfilhos aos seis meses, TC9MAP=Contagem de perfilhos aos nove meses, TC12MAP=Contagem de perfilhos aos doze meses, S/S=Stalks/Stool, SL=Comprimento do caule (m), SG=Circunferência do caule (mm), IS=Entrós/talo.

Tabela 5b Desempenho médio de 15 híbridos de cana-de-açúcar para rendimento de cana e outros caracteres na primeira safra de soca de 2013.

Variedades	IL (cm)	SMUT (escala)	RR (cm)	CRACK (cm)	MC (cm)	FB (%)	SSW (kg)	CWP (Kg/ha)	GH (escala)
ILS-001	27,83ab	1.67bc	3.00c	1.67b	171ab	23.73a	1.01ab	79635ab	3.33a

USRI/08/85	27.13ab	1.00b	1.67b	2.00b	137abc	20,80ab	1.01ab	71567ab	3.33a
USRI/08/43	24,67abc	1.33b	1.00b	2.00b	161abc	21.47a	0,82ab	77515ab	2.00bc
USRI/08/80	22.27abc	2.00c	1.33b	1.67b	114bd	23.07a	1.29a	75265ab	3.00ab
CO957	29.13a	1.00a	1.67b	1.33b	180a	24.80a	1.10ab	93565a	4.00a
USRI/08/63	24,97abc	1.00a	1.67b	1.67b	125abc	20.13ab	0,86ab	82450ab	3.67a
USRI/08/03	19.33c	1,33ab	1.00b	1.67b	102cd	19.60ab	1.00ab	84365ab	3.33a
USRI/08/87	21.73bc	1.00a	1.67b	1.67b	168ab	23.13a	1.00ab	80800ab	4.00a
USRI/08/68	22.30abc	1.00a	2.00b	2.33b	151abc	22.47a	1.13ab	88135a	3.67a
ILS-002	21.47bc	1.00	1.67b	4.00c	151abc	21.07a	0.77b	69085ab	3.67a
CO6806	27,73ab	1.00a	1.00b	2.33b	137abc	23.13a	0,99ab	70965ab	3.00ab
USRI/08/58	22.27abc	1.00a	1.67b	3.67c	155abc	24.10a	0,92ab	76350ab	3.67a
USRI/08/16	24,90abc	1,33ab	1,33ab	2.00b	113bcd	22.47a	1,05ab	74300ab	3.33a
USRI/08/46	19.90c	1,33ab	1.00a	1.33a	155abc	23.20a	1.00ab	83015ab	3.67a
VERIFICAR	21.57bc	1,33ab	1,67ab	1.33a	64d	15.73b	0,83ab	83000b	1.67c
SED	2.08	0.22	0.4	0.39	17.51	1.61	0.14	15.58	0.39
CV (%)	15.09	30.75	44.06	33.01	21.89	12.77	24.27	17.37	20.41

As médias que não partilham uma letra comum numa coluna diferem significativamente ao nível de 0,05% de probabilidade. IL=Comprimento dos entrenós (cm), MC=Cana maleável, FB=Brix final (%), SSW=Peso do caule único (kg), CWPP=Peso da cana por parcela (kg/ha).

Foram registadas diferenças significativas (P ≤ 0,05) entre os híbridos no que diz respeito ao comprimento dos entrenós, com a variedade C0957 a registar o valor mais elevado, enquanto o valor mais baixo foi registado na USRI/08/03 (Quadro 5b). Os genótipos eram semelhantes no que diz respeito à podridão radicular, exceto o ILS-001, e também no que diz respeito ao rachamento, exceto o USRI/08/5, o número mais elevado de canas moíveis/ha foi registado na variedade CO957 e o menor foi registado no controlo local. A variedade C0957 também teve o brix mais alto e o menor foi observado no controlo, o peso de um único talo, o mais alto foi registado no controlo enquanto o menor foi no ILS- 002. A variedade C0957 também teve o maior peso de cana, que foi semelhante ao valor obtido para outros genótipos, exceto o controlo local. Todos os híbridos foram semelhantes quanto ao hábito de crescimento, exceto o USRI/08/43 e o controlo.

O desempenho médio dos genótipos de cana de açúcar combinados para a primeira safra e safrinha combinadas são apresentados na Tabela 6a e 6b. Diferenças significativas (P ≤ 0,05) foram registradas entre os híbridos para a contagem de perfilhos em três MAP com o valor mais alto observado na variedade C0957 e o valor mais baixo registrado para USRI/08/85 (Tabela 6a). Aos seis MAP o maior número de perfilhos na variedade Co957 e o menor no controle local, enquanto que aos nove MAP, USRI/08/58 teve o maior número de perfilhos e o menor número de perfilhos no controle. A USRI/08/85 registou o maior número de perfilhos aos 12 MAP e o menor foi em controlo. No que diz respeito ao número de caules/colmo, a variedade C0957 foi a mais alta, enquanto a mais baixa foi a do controlo, a variedade Co6806 foi a mais alta, enquanto a mais baixa foi a do controlo local. A circunferência do caule em todos os híbridos foi semelhante, exceto no USRI/08/43, enquanto o ILS-002 e o controlo tiveram a circunferência mais estreita, o USRI/08/80 registou o maior número de entrenós/caules e o menor foi o controlo.

Tabela 6a Desempenho médio combinado de 15 híbridos de cana-de-açúcar para parâmetros de perfilho durante a primeira safra e a safrinha em 2012 e 2013.

Variedades	TC3 (não.)	TC6 (não.)	TC9 (não.)	TC12 (não.)	SS (não.)	SL (m)	SG (mm)	IS (não.)
ILS-001	35ab	141a	161abcd	162ab	21bcd	4.18bc	2.73b	24bc
USRI/08/85	26b	119abc	115ef	157a	24bc	3.50bc	2.52b	26abc
USRI/08/43	36ab	119abcd	146abcde	149ab	21bcd	4.05bc	5.52a	27abc
USRI/08/80	36ab	66ef	118ef	113b	18de	3.45bc	2.27b	29a
CO957	52a	144a	152abcde	158ab	31a	3.30bc	2.48b	27abc
USRI/08/63	51a	120ab	123def	134b	25b	4,43ab	2.58b	28ab
USRI/08/03	38ab	85cdef	126cdef	103b	19cde	3.57bc	2.65b	29ab
1USRI/08/87	47ab	81def	172ab	169ab	26b	3.92bc	2.78b	27abc
USRI/08/68	39ab	91bcde	142abcde	146ab	23bcd	3.95bc	2.73b	27abc
ILS-002	37ab	144a	164abc	166ab	25b	3.85bc	3.12ab	27abc
CO6806	32ab	85bcdef	135bcdef	142ab	22bcd	5.53a	2.55b	28abc
USRI/08/58	39ab	119abc	178a	168ab	31a	3.85bc	2.42b	26abc
USRI/08/16	41ab	90bcde	137bcde	133b	24b	3.92bc	2.58b	29a
USRI/08/46	35ab	84cdef	147abcde	143ab	22bcd	3.65bc	2.35b	25abc
VERIFICAR	42ab	53f	98f	76b	14e	2.85c	4,80ab	23c
SED	6.09	10.76	11.80	34.99	1.61	0.41	0.86	1.45
CV (%)	38.25	25.79	20.25	57.98	17.25	25.74	71.71	13.20

As médias que não partilham uma letra comum numa coluna diferem significativamente ao nível de 0,05% de probabilidade, TC3MAP=contagem de perfilhos aos três meses, TC6MAP=contagem de perfilhos aos seis meses, TC9MAP=contagem de perfilhos aos nove meses, TC12MAP=contagem de perfilhos aos doze meses, S/S=Stalks/Stool, SL=Comprimento do caule (m), SG=Circunferência do caule (mm), IS=Interstícios/talo.

O desempenho médio combinado dos genótipos de cana-de-açúcar é apresentado na Tabela 6b. Foram registadas diferenças significativas ($P \leq 0,05$) entre os híbridos, no que diz respeito ao comprimento do entrenó, com a variedade C0957 a ter o valor mais elevado, enquanto a variedade C06806 tem a classificação mais baixa para a podridão radicular. Todos os híbridos foram semelhantes no que diz respeito à fissuração, enquanto a variedade USRI/08/58 teve o maior peso de cana e a variedade C06806 teve o menor, a variedade C0957 registou o maior rendimento brix enquanto a variedade C06806 teve o menor, o peso de um único talo da variedade C06806 foi o maior e o menor foi o da variedade C06806 (0,93 kg), a variedade ILS-001 registou o maior peso de cana enquanto o menor foi o da variedade C06806. Todos os híbridos, exceto o controlo, foram estatisticamente semelhantes em termos de hábito de crescimento.

4.1 Estimativa da hereditariedade em sentido lato (H)^2

T resultado da análise de hereditariedade de sentido amplo dos resultados combinados de todos os traços medidos, revelou alta hereditariedade (H^2 > 45%) para todos os caracteres em estudo, exceto para hábito de crescimento (0.24%), rachadura (2.22%), contagem de perfilhos em nove MAP (3.51%) circunferência do talo (13.22%), contagem de perfilhos em três MAP (20.7%) e peso total da cana (17.26%) na Tabela 9. No entanto, uma alta hereditariedade estimada para a contagem de perfilhos em seis MAP (85.88%), número de talos/colmo (86.79%), comprimento de talo (68.35%), comprimento de entrenó (54.06 %), número de entrenó/talo (35.29 %), incidência de ferrugem (62.5 %), podridão de raiz (52.5 %), número de cana moída (82.66%) e brix final (82.04 %).

4.2 Análise de correlação

As correlações entre os seis caracteres como expressos nos resultados combinados mostraram uma correlação positiva e altamente significativa entre a produção de cana e todos os caracteres (Tabela 10). Os coeficientes de correlação do comprimento do talo, talo/stool e cana moível com a produção de cana eram aproximadamente iguais em magnitude (0.681**, 0.712** e 0.543** respetivamente) enquanto o diâmetro do talo tinha a correlação mais baixa (0.343**) com a produção de cana. Os resultados também mostram que a correlação entre cada carácter componente do rendimento, como o caule/colmo e o brix final, foi positiva e altamente significativa (0,681** e 0,641**, respetivamente).

4.3 Análise do coeficiente de caminho que mostra os resultados diretos e indirectos

A análise do coeficiente de caminho mostrou o efeito direto e indireto de cada caraterística no rendimento final. No que diz respeito aos caracteres que registaram uma contribuição direta elevada para o rendimento final foram o número de entrenós por caule (0,372) e o peso de um único caule (0,337) e os caracteres com uma contribuição negativa elevada para o rendimento final da cana-de-açúcar foram a circunferência do caule (-0,022) e a contribuição negativa mais baixa foi registada no comprimento dos entrenós (- 0,593). A maior contribuição indireta para a produção foi registada pelo hábito de crescimento (0,914); número de entrenós por caule (0,648) e comprimento do caule (0,593). A contribuição negativa indireta para o rendimento final foi registada no brix final (- 1,099) (Quadro 6).

Tabela 6b Desempenho médio de 15 híbridos de cana-de-açúcar para parâmetros de perfilho na planta e na primeira safra de soqueira combinados 2012 e 2013.

Variedades	IL (cm)	SMUT (escala)	RR (escala)	CRACK (escala)	MC (não.)	FB (%)	SSW (kg)	*CWP* (Kg/ha)	GH (escala)
ILS-001	13,99ab	1,33ab	2.33ab	1.83a	158,67ab	21.47ab	1,25ab	965025a	2.33ab
USRI/08/85	13.63ab	1,33ab	2.00abcd	2.17a	134,50abcd	19.33bc	1.31a	69400b	3.17a
USRI/08/43	12.40abc	1.17b	1.67bcd	1.83a	145.00abc	19.87bc	1.19ab	78815b	2.17ab
USRI/08/80	11.20abc	1.83a	1.67bcd	2.00a	109.00d	21.70ab	1.18ab	67940b	2,67ab
CO957	14.63a	1.00b	1,83abcd	2.00a	155,83ab	23.20a	1.13ab	82460b	3.00ab
USRI/08/63	12,55abc	1.00b	2.17abc	2.17a	128.50bcd	19.80bc	1.11ab	81565b	3.00ab
USRI/08/03	9.74c	1.83a	1,83abcd	2.17a	110.50cd	18.33c	1.23ab	7894b	3.00ab
USRI/08/87	10.94bc	1,50ab	2.17abc	2.17a	166.50a	20,90abc	1.18ab	79735b	3.00ab
USRI/08/68	11.22abc	1.00b	2.17abc	2.00a	137,67abcd	20.30bc	1.32a	78250b	2,83ab
ILS-002	10.80bc	1.00b	2.17abc	2.83a	153,33ab	19.40bc	1.32a	79425b	2,83ab
CO6806	13,93ab	1.00b	1.00d	2.50a	130.67bcd	22.10ab	0.93b	64640b	2.33ab
USRI/08/58	11.20bc	1.17b	1,83abcd	2.67a	169.00a	21.05abc	1.19ab	72840b	2.50ab

USRI/08/16	12,52abc	1.17b	1,83abcd	2.17a	117,17cd	20,73abc	1.21ab	70425b	2.50ab
USRI/08/46	10.02c	1.17b	1,17cd	1.83a	142,00abcd	21.60ab	1,05ab	78990b	2.50ab
VERIFICAR	10.85bc	1.17b	2.83a	2.33a	73.50e	14.17d	1.33a	58340b	2.00b
SED	1.04	0.17	0.31	0.3	10.6	0.85	0.11	44.22	0.31
CV (%)	21.23	34.33	39.36	33.18	19.17	10.32	22.15	66.98	28.49

Tabela 7, Variância genotípica, fenotípica e estimativas de hereditariedade de sentido amplo para caracteres de crescimento e rendimento de 15 híbridos de cana-de-açúcar na Universidade Usmanu Danfodiyo, Sokoto, na planta 2012.

Caraterísticas	Variância genotípica (δ^2 g)	Variância fenotípica (δ^2 ph)	Hereditariedade (H^2) (%)
SC2WAP	0.005	0.019	26.32
SC4WAP	1.61	2.02	79.7
SC6WAP	3.47	4.98	69.68
TC3M	31.29	41.39	75.6
TC6M	500.63	733.27	68.27
TC9M	501.27	665.72	75.3
TC12M	456.28	619.65	73.64
SS	15.35	15.74	97.52
SL	0.21	0.22	95.45
SG	0.11	0.12	91.67
IS	4.71	5.24	89.89
IL	0.000022	0.000031	70.97
SMUT	0.12	0.19	63.16
RR	0.26	0.48	54.17
CRACK	0.05	0.25	20
MC	458.21	601.08	76.23
FB	4.18	4.53	92.27
SSW	0.05	0.08	62.5
CWP	1599.07	8786.36	18.2
GH	0.02	0.25	8

Tabela 8: Variância genotípica, variância fenotípica e hereditariedade de sentido lato em diferentes caraterísticas de 15 híbridos de cana-de-açúcar 2013 .

Caraterísticas	Variância genotípica (δ^2 g)	Variância fenotípica (δ^2 ph)	Hereditariedade (H^2) (%)
TC3M	65.71	204.44	32.14
TC6M	1013.21	1243.85	81.46

TC9M	36.22	48.60	74.53
TC12M	61.11	90.09	67.83
SS	32.04	42.02	76.25
SL	0.87	1.38	63.04
SG	862.22	926.84	93.02
IS	46.24	64.801	71.35
IL	5.08	9.39	54.1
SMUT	0.04	0.09	44.44
RR	0.11	0.27	40.74
CRACK	0.48	0.63	76.19
MC	630.84	937.28	67.31
FB	1.48	4.39	33.71
SSW	36.20	47.110	76.84
CWP	48.37	291.23	16.61
GH	0.29	0.44	65.91

Tabela 9 Variância genotípica combinada, variância fenotípica e herdabilidade de sentido amplo em diferentes caraterísticas de 15 genótipos de cana-de-açúcar de 2012 e 2013.

Caraterísticas	Variância genotípica (δ^2 g)	Variância fenotípica (δ^2 ph)	Hereditariedade (%) H^2
TC3M	19.43	93.85	20.7
TC6M	1409.02	1640.66	85.88
TC9M	466.68	13305.89	3.51
TC12M	719.88	3169.06	22.72
SS	34.03	39.21	86.79
SL	0.54	0.79	68.35
SG	0.23	1.74	13.22
IS	2.28	6.46	35.29
IL	2.53	4.68	54.06
SMUT	0.1	0.16	62.5
RR	0.21	0.4	52.5
CRACK	0.004	0.18	2.22
MC	1070.96	1295.62	82.66
FB	6.85	8.35	82.04
SSW	0.02	0.04	50
CWP	815.89	4727.5	17.26
GH	0.06	0.25	0.24

Quadro 10 Coeficiente de correlação entre os diferentes pares de caracteres estudados.

Characters	stalk/stool	stalk length	stalk girth	milliable cane	final brix	cane yield
stalk/stool	100					
stalk length	0.681**	100				
stalk girth	0.573**	0.981**	100			
milliable cane	0.614**	.583**	0.713**	100		
final brix	0.821**	0.574**	0.492**	0.514**	100	
cane yield	0.681**	0.712**	0.343**	0.761**	0.641**	100

**Indica uma correlação significativa entre duas variáveis ao nível de 1% de significância

Quadro 11: Análise do coeficiente de caminho que mostra as caraterísticas diretas e estimadas no peso total da cana/rede

Traço	WAP	MAPA	SS	SL	SG	IS	IL	SMUT	RR	CRACK	MC	FB	SSW	GH	CWP
DAP	**0.275**	0.046	-0.13	-0.109	0.171	-0.159	0.015	-0.181	0.079	0.092	-0.04	0.081	0.161	-0.315	**0.162**
MAPA	0.151	**0.115**	0.552	0.131	-0.224	0.594	-0.604	-0.129	0.933	0.422	0.973	0.236	0.582	0.148	**0.158**
SS	-0.221	0.028	**0.208**	-0.237	0.155	0.09	0.261	-0.242	-0.149	-0.032	0.052	0.223	0.052	-0.118	**0.179**
SL	-0.138	0.05	0.177	**-0.048**	0.287	0.282	0.286	0.061	0	-0.148	-0.037	0.143	0.022	0.006	**0.112**
SG	0.204	0.008	0.109	0.27	**-0.022**	-0.158	0.228	-0.007	-0.134	0.11	0.016	-0.193	0.145	-0.034	**0.137**
IS	-0.257	0.029	0.087	0.361	-0.215	**0.372**	0.328	0.238	0.021	0.009	-0.024	0.234	0.096	-0.259	**0.092**
IL	0.012	0.014	0.122	0.179	0.151	0.16	**-0.587**	0	0.01	-0.148	0.005	-0.118	0.089	0.154	**-0.56**
SMUT	-0.143	0.031	0.113	0.038	-0.005	0.116	0	**0.026**	-0.004	-0.052	0.035	-0.081	0.181	0.231	**0.082**
RR	0.087	0.031	0.096	0	-0.123	0.014	-0.014	-0.005	**0.145**	-0.101	-0.025	-0.324	\0.193	0.138	**-0.06**
CRACK	0.079	0.011	0.016	-0.1	0.079	0.005	-0.16	-0.056	-0.079	**0.096**	-0.013	-0.047	0.229	0.352	**0.066**
MC	-0.136	0.989	0.104	-0.99	0.45	-0.509	0.221	0.148	-0.769	-0.524	**0.109**	-0.277	0.717	-0.149	**0.171**
FB	0.198	0.017	0.321	0.277	-0.397	0.353	-0.366	-0.251	-0.725	-0.135	-0.02	**0.225**	0.587	0.216	**0.17**
SSW	0.186	-0.02	0.036	-0.02	0.141	0.068	-0.13	-0.264	-0.204	-0.309	0.025	-0.277	**0.337**	0.339	**0.161**
GH	-0.343	0.049	0.075	0.005	-0.031	-0.174	0.212	0.317	0.138	0.449	-0.048	0.096	0.319	**0.179**	**0.017**

Quadro 7: Efeitos diretos e indirectos das caraterísticas estimadas sobre o peso total da cana/parcela líquida.

Nota: WAP- Contagem de brotos 6 semanas após o plantio, MAP- Contagem de perfilhos 12 meses após o plantio, SS- Talo/colmo, SL- Comprimento do colmo, SG- Circunferência do colmo, IS- Internodo/colmo, IL- Comprimento do internodo, RR- Podridão da raiz, MC- Cana moída, FB- Brix final, SSW- Peso do colmo único, GH- Hábito de crescimento.

CAPÍTULO 5

DISCUSSÃO

5.0 Desempenho médio dos genótipos

A brotação na cana de açúcar se refere à iniciação do crescimento a partir de gemas presentes nos pegamentos plantados ou nos caules das fezes que permanecem no solo após a colheita da cultura anterior (Willcox *et al.,* 2000). A avaliação do desempenho médio das progênies para brotação e capacidade de perfilhamento indicou que os genótipos eram semelhantes para brotação em 2 WAP. Resultados similares foram relatados por Bull (2000), que os brotos em pegamentos plantados, ou nas bases de plantas remanescentes após a colheita, brotaram dentro de duas semanas após o plantio, isto é em grande parte porque é um crescimento inicial e os genótipos não se estabilizaram completamente para mostrar seu potencial total. No entanto, às quatro e seis semanas após a plantação (WAP), os genótipos diferiram na capacidade de germinação em comparação com o controlo local, sendo as variedades ILS-001 e ILS-002 as melhores para a germinação. A explicação é que o valor observado para o controlo local se deve em grande parte à adaptação, enquanto os outros dois genótipos podem provavelmente possuir genes para a caraterística.

Aos doze meses após o plantio, a USRI/08/87 exibiu a melhor capacidade de perfilhamento, que foi superior ao valor registrado para o controle local, a variedade CO957 foi a melhor para a produção de cana e secundada pela USRI/08/58, que se espera que tenha alto potencial de produção, de acordo com Chen e Zhu (2009), a produção de cana de açúcar tem a relação positiva mais forte com a capacidade de perfilhamento e a taxa de crescimento rápido. Shamel (2007) também relatou que a capacidade de perfilhamento pesado é um dos critérios que determinam a aceitabilidade comercial dos genótipos de cana-de-açúcar.

A altura da planta na cana de açúcar mais frequentemente do que não, desempenha um papel vital na fotossíntese (Cox *et al.,* 1994). A variedade CO6806 foi a mais alta com mais exposição esperada à luz solar, e quanto maior a exposição da cana de açúcar à luz solar, maior o rendimento esperado e o controle foi o mais baixo entre todas as progênies testadas que produziram baixo rendimento devido ao sombreamento mútuo. Para a circunferência do talo, a ILS -002 produziu o maior diâmetro médio do talo seguido pelo controle local e o menor foi observado na USRI/08/43, para o número de entrenós por talo, a USRI/08/80 foi a melhor, e o menor foi observado no controle local. A variedade C0957 registou o maior comprimento dos entrenós e a USRI/08/03 o menor.

O genótipo USR/08/58 produziu o maior número de canas moíveis/parcela e o controlo teve o menor número, o que sugere que o USR/08/58 tem potencial para um maior rendimento do que o controlo local. Além disso, o número de canas moíveis/parcela tem uma correlação positiva com a produção de cana e a menor correlação positiva com a produção de cana. O brix final mais elevado (quantidade de açúcar solúvel) foi registado na Co957, isto deve-se ao facto de a Co957 ser cana-de-açúcar e o mais baixo foi registado no controlo local porque é cana de mascar, o peso mais elevado de um único caule foi observado na ILS - 002, o mais baixo foi registado na C06806 e no que diz respeito ao peso total da cana (kg/ha), espera-se que a CO957 e a ILS-002 produzam uma capacidade de produção elevada, tem relação direta com o diâmetro do talo, comprimento do talo, circunferência do talo e número de talos de cana moíveis/ha assim como o conteúdo brix na cana de açúcar e isso foi confirmado por Olaoye (1987) que apontou que um dos critérios que determinam a aceitabilidade comercial da cana de açúcar geralmente depende do diâmetro do talo, comprimento do talo, circunferência do talo e número de talos de cana moíveis/ha assim como o conteúdo brix na cana de açúcar.

5.1 Estimativa da hereditariedade em sentido lato $(H)^2$

Para que o programa de melhoramento da cana de açúcar seja bem sucedido, é importante saber quais caraterísticas dão as maiores estimativas de herdabilidade. A herdabilidade de sentido amplo indicou que o número de talos/estolões, comprimento do talo; contagem de perfilhos a seis MAP, cana moída e brix final tiveram altas estimativas de herdabilidade, sugerindo assim que a seleção para eles será relativamente fácil. No entanto, o hábito de crescimento, a circunferência do talo, a contagem de perfilhos aos nove MAP, a contagem de perfilhos aos três MAP, o peso total da cana e a rachadura no talo tiveram estimativas de herdabilidade baixas, o que indica que a seleção para os traços será difícil, como relatado por Puri *et al.* (1982), que se a estimativa de herdabilidade de sentido amplo de um traço em particular for alta, isso indica que as condições ambientais têm pouco impacto nas diferenças fenotípicas observadas na população. Obilana e Fakorede (1986) referiram que, se um carácter for influenciado pelo ambiente, a sua hereditariedade será baixa numa população.

5.2 Análise de correlação

Sendo o rendimento um carácter quantitativo, é o resultado de vários caracteres que trabalham em conjunto durante o crescimento da cultura e que são interdependentes no seu desenvolvimento (James, 1971). É, portanto, desejável estudar a associação entre a produtividade e os caracteres que a atribuem, uma vez que isso facilitaria a seleção eficaz para o melhoramento simultâneo de um ou mais componentes que influenciam a produtividade. O objetivo da seleção é identificar as plântulas que são geneticamente superiores, se essa superioridade for de natureza genotípica, as plântulas reproduzirão fielmente o seu valor noutros ambientes, mas se, pelo contrário, o valor for principalmente ambiental (Olaoye, 1987). Correlações entre os seis caracteres, foi encontrada uma correlação positiva e altamente significativa entre a produção de cana e todos os caracteres, exceto a circunferência do caule e, de um ponto de vista prático, o aumento do nível de cana moída, caule/colmo, diâmetro do caule e teor de brix seria naturalmente esperado para aumentar a produção de cana. A magnitude dos coeficientes de correlação do comprimento do caule, do caule/stool e da moagem com a produção de cana foram quase iguais. Enquanto o diâmetro do talo teve a correlação mais baixa com o rendimento da cana, isso discorda de uma pesquisa conduzida por Miller e James (1974) e Kang *et al.*, (1983) indicou que o número de talos e o diâmetro do talo eram de importância aproximadamente igual na determinação do rendimento da cana. Os resultados também mostram que a correlação entre cada caraterística componente do rendimento, como talo/colmo e brix final, foi positiva e altamente significativa.

5.3 Análise do coeficiente de caminho que mostra os resultados diretos e indirectos

O estudo de correlação, por si só, não é suscetível de fornecer uma avaliação correta ou informações detalhadas sobre o rendimento e os caracteres associados ao rendimento (Dewey e Lu, 1959). Por conseguinte, a análise do coeficiente de caminho tem sido uma ferramenta muito importante para interpretar e prever o rendimento final das plantas. De acordo com Prabhakaran Nair e Singh (1974), assim, os resultados indicam que o número de cana/parcela, talo/colmo e peso de um único talo registaram a maior contribuição direta para o rendimento final, o que indica que as caraterísticas podem ser selecionadas para melhorar o rendimento, tal como observado por Punia *et al.* (1983) que o efeito direto de entrenó/talo e peso de cana única teve uma contribuição direta elevada para o rendimento final da cana, também concorda com Hogarth (1971), e James (1971) que observou que os efeitos de brix final, número de talo moível, perímetro do talo, comprimento do talo e peso de cana única podem ser usados para aumentar o rendimento da cana de açúcar. O número de entrenós/talo e o comprimento do entrenó tiveram efeitos diretos negativos mas insignificantes para a produção de cana, o brix final teve uma contribuição alta para a produção de cana. Foi observado um efeito direto alto para o número de cana moída para a produção de cana que está em conformidade com as descobertas de Balasundarum e Bhagyalakshmi (1978), Kang *et al.* (1989), e Chaudhary e Singh (1994), Reddy e Reddy (1986) e Hooda *et al.* (1988) que o internódio/talo e o comprimento do internódio tiveram baixa contribuição negativa para a produção total de cana em cana de açúcar.

CAPÍTULO 6

RESUMO, CONCLUSÕES E RECOMENDAÇÕES

6.0 RESUMO

Foi efectuada uma experiência de campo para avaliar o desempenho de quinze híbridos de cana-de-açúcar na Universidade Usmanu Danfodiyo de Sokoto, durante as épocas de cultivo de 2011/2012 e 2012/2013. O desempenho dos genótipos indicou que as variedades ILS-001 e Co957 registaram um elevado rendimento (peso total da cana/parcela líquida) e teor de brix, seguidas da USRI/08/63, USRI/08/87 e ILS002, por esta ordem, enquanto o valor mais baixo foi registado no controlo local. As estimativas elevadas de hereditariedade em sentido lato para o número de colmos/parcela, comprimento do colmo, brix final, perímetro do colmo, contagem de bicos e fendas no colmo sugerem que a seleção para estas caraterísticas pode ser baseada no fenótipo; no entanto, foram observadas estimativas baixas de hereditariedade para as fendas e o hábito de crescimento, sugerindo que estas caraterísticas não responderiam facilmente à seleção.

Também se observou uma correlação significativa e positiva entre o peso de um único talo e o brix final, enquanto que não houve correlação significativa entre o brix final e o número de latas miliáveis por parcela. Foi observada uma correlação significativa e positiva entre o comprimento do entrenó e a circunferência do caule. Na análise do coeficiente de caminho, os traços que registaram a maior contribuição direta para o rendimento final foram o número de canas moíveis/parcela, o talo/colmo e o peso do talo único, o que indica que os traços podem ser selecionados para melhorar o rendimento

6.1 Conclusão

Em conclusão, o resultado obtido indicou que a capacidade máxima de germinação foi observada no controlo local. Em relação à produção de perfilhos, ILS-002, Co957 e ILS-001 foram os melhores. Com relação à alta produção de cana e conteúdo brix, o estudo descobriu que os híbridos Co957 e Co6806 são os melhores. O estudo também conclui que os híbridos Co957, ILS-002 e ILS-001 podem ser selecionados para a produção de cana e componentes de produção.

6.2 Recomendações

O estudo recomenda o seguinte:

1. A contagem de rebentos às seis semanas após a plantação é o nível mais elevado de capacidade de rebentação na cana-de-açúcar.

2. Também recomenda que os cinco principais genótipos superiores entre as progénies sejam avaliados em ensaios de rendimento antecipado noutros locais do Noroeste da Nigéria.

REFERÊNCIAS

Balasundaram, N. e B. Bhagyalakshmi (1978). Variabilidade, hereditariedade e associação entre rendimento e componentes de rendimento da cana-de-açúcar. *Indian Journal of Agricultural Science,* 48:291-295.

Barners, A. C. (1974). *Plantação de cana-de-açúcar.* John Wiley and Sons, Nova Iorque, 145pp.

Bello, M. S. (2006). Efeito do espaçamento e do potássio no crescimento e rendimento da batata-doce *(Ipomoea batatas* (L.) LAM) na savana do Sudão, Nigéria. Tese de mestrado não publicada apresentada à Escola de Pós-Graduação, Universidade Usmanu Danfodiyo, Sokoto.85pp.

Borhren, G.E., J. Eisner e A.M. Saxtion (1961). Interações genótipo-ambiente e correlação genética envolvendo factores ambientais. *Crop Science,* 4: 352-357.

Bouyoucos, G. H. (1951). Uma recalibração do hidrómetro para fazer análises químicas de solos. *Revista de Agronomia,* 43:434-438.

Bray, R. H. e L. K. Kurt (1945). Determinação do total de formas orgânicas e disponíveis de fósforo nos solos. *Soil Science,* 69:39-45.

Brown, A.H.D., J Daniels e B.H.D. Latter (1969). Genética quantitativa da cana-de-açúcar 11. Análise de correlação de carácter contínuo em relação ao melhoramento de cana-de-açúcar híbrida. *Theoretical Applied Genetics,* 39:478-481.

Bull, T. (2000). *A plantação de cana-de-açúcar. "Manual of cane growing",* M Hogarth, P e Allsopp, (Editores). Bureau of Sugar Experimental Stations, Indooroopilly, 71-83.

Bull, T. A. e J.K. Bull (2000). A plantação de alta densidade como estratégia de produção económica. *Proc.Australian Society of Sugarcane Technologists,* I & II;111-112.

Bull, T. A. e K.T. Glasziou (1963). O significado evolutivo da acumulação de açúcar em Saccharum. *Australian Journal of Biological Sciences,* 16: 737-742.

Chaudhary A. K. e J. R. P. Singh (1994). Estudos de correlação e coeficiente de caminho no clone de maturação precoce da cana-de-açúcar *(Saccharum* spp. Complex). *Cooperative Sugar* B25B:305-307.

Chen, G.B. e J. Zhu (2009). Estudo comparativo entre acessos locais de cana-de-açúcar. Departamento de Agronomia, Universidade de Zhejiang, Hangzhou, China, http://ibi.zju.edu. cn/ software/qga/index.htm (acedido em 31 de maio de 2012). Disponível em www.pakbs.org/pjboj/PDFs/44(1)34. Pdf.

Cox, M., C. Hogarth, D.M. e P.B. Hansen (1994). Criação e seleção para um elevado teor de açúcar no início da estação num programa de melhoramento de cana-de-açúcar *(*híbridos de *Saccharum* spp.). *Australian. Journal of Agricultural Research,* 45(7): 1569-1575.

Cox, M.; M. Hogarth e G. Smith (2000). *Criação e melhoramento de cana. "Manual of cane growing",* M. Hogarth, e P. Allsopp, (Editores). Bureau of Sugar Experimental Stations, Indooroopilly, Austrália. 108pp.

Dewey, D.R. e K. H. Lu (1959). A correlation and path coefficient analysis of components of crested wheat grass seed production. *Agronomic Journal,* 51 : 515 -518 .

Dunckelman, P. H. e B.L. Legendre (1982). Guide to sugarcane breeding in the temperate zone (Guia para o melhoramento da cana-de-açúcar na zona temperada). *Departamento de Agricultura dos Estados Unidos22:* 1-26.

Ehara, H. e T. Y. Takamura, (1994). Crescimento e produção de matéria seca da cana-de-açúcar na zona temperada quente do Japão. 4. *Jornal Japonês de Agricultura Tropical,* 38: 335-342.

FAOSTAT. (2012) (Organização das Nações Unidas para a Alimentação e a Agricultura) Year book, I. 51,85pp.

Fauconnier, R. (1993). *Sugar Cane plantation*. Macmillan Press Ltd, Londres, Reino Unido. 62pp.

Fehr, W. R. (1987). *Principles of Cultivar Development Theory and Techniquel* Macmillan Publishing Company New York,.U.S.A.536pp.

Gill, M.B. (1999). Estudos físico-agronómicos sobre plantação plana versus plantação em covas de cana-de-açúcar *(Saccharum officinarum* L.) de outono e primavera *Tese de Doutoramento em Agricultura,* Departamento de Agronomia. Universidade, Faisalabad-Paquistão 233pp.

Glaz, B., (2000). *Censo de variedades de cana-de-açúcar*. Açúcar da Flórida. Azucar. 23pp.

Gravois, K.A. (1991). Efeitos genéticos aditivos para componentes de rendimento da cana-de-açúcar, implicações para a hibridação. *Agricultura tropical (Trinidad)*. 68(4): 376-380.

Ham, G., P. McGuire, G. Kingston (2000). *Irrigação da cana de açúcar*. In Manual of cane growing", M Hogarth, and P. Allsopp, (Editors). Bureau of Sugar Experiment Stations, Indooroopilly, Austrália. 377pp.

Hebert, L. P. e M. T. Henderson (1959). Comportamento reprodutivo de certos caracteres agronómicos em progénies de cruzamentos de cana-de-açúcar. *Boletim Técnico do USDA No.* 1194: 54pp.

Hebert, L. P. (1967). Associação entre componentes de rendimento e rendimento de variedades de cana-de-açúcar Louisiana. *Sociedade Internacional de Tecnologias da Cana-de-açúcar. Actas do 5° Congresso,* p 760 763.

Hogarth, D. M. (1971). O efeito da autofecundação acidental na análise de um cruzamento dialélico com cana-de-açúcar. *Euphytica,*29: 737-746.

Hogarth, O. M. (1971). Estudos de herança quantitativa em cana-de-açúcar. 11. Correlações e respostas previstas à seleção. *Australia Journal Agricultural Research* 22:103-109.

Hooda, M.S., S. Singh e B. S. Chaudhary (1988). Correlation and path coefficient analysis in sugarcane. *Crop Improvement,* 15:206-208.

Hussain, M.T. e F. Rehma (2001). Variabilidade em clones de cana-de-açúcar. *Pakistan Sugar Journal,* 11(6): 27-31.

James, N. (1971). Componentes de rendimento em populações aleatórias e selecionadas de cana-de-açúcar. *Crop Science.* 11:906-908

Kang, M S., O. Sosa e J. D. Miller (1989). Análise de caminho para porcentagem de fibra e rendimento de cana e açúcar em cana-de-açúcar *Crop Science,* 29:14-32.

Kang, M.S., Miller, J.D., e Tai, P.Y.P., (1983). Análises de caminhos genéticos e fenotípicos e habitabilidade em cana-de-açúcar. *Ciência das culturas* 23: 643-647.

Le Roux, H. (2005). A África do Sul semeia culturas para obter sementes energéticas. Notícias de Engenharia da Creamer Media. 03 de dezembro de 2003. 83-91

McIntyre, L. e P. Jackson (1995). O selfing ocorre na cana-de-açúcar? Disponível em: http://www.intl-pag.org/pag/4Zabstracts/p165.html. Acessado em naldc.nal.usda.gov./download//g163/PDF em 22/02/2012.

Miller, J. D. e James, N. I. (1974). A influência da densidade dos caules no rendimento da cana P. 177184. *In*: Actas do 15º Congresso da Sociedade Internacional de Tecnologias da Cana-de-Açúcar. Hayne and Gibbon Limited, Durban, África do Sul.

Moore, P. H. e K. Nuss (1987). *Floração e sincronização de flores.* Em: "Sugarcane improvement through breeding", DJ Heinz, (Editor). Elsevier, Amsterdão. 273-311.

Moore, P.H. (1976). Estudos sobre o pólen da cana-de-açúcar II. Armazenamento de pólen. *Phyton, Argentina,* 34: 71-80.

Nazir, M.S., H. Ali e M. Tariq (1997). Qualidade do sumo de diferentes genótipos de cana-de-açúcar afetada pela plantação pura e mista. *Pakistan Sugar Journal,* 12: 12-4.

Obilana, A.T. e Fakorede, M.A.B. (1986). Hereditariedade: A Treatise. *Samaru Journal. Agric. Research.* 1: 72-82.

Odada, J.E.O. (1986). Incentivo ao aumento da produção de açúcar; o caso da distribuição dos benefícios da indústria açucareira no Quénia. Trabalho apresentado num seminário sobre "A importância da indústria açucareira e da cana-de-açúcar no Instituto de Investigação da Cana-de-Açúcar do Brasil, Wanghu, 35-45

Olaoye, G. (2009). Estimativa da capacidade de soqueira da cana-de-açúcar em condições de baixa humidade disponível no solo numa ecologia de savana da Nigéria. *Moor Journal of Agriculture,* 6 (1) :16-23.

Olaoye, G. (2004). Variabilidade genética entre e dentro de progénies de cruzamentos de cana-de-açúcar desenvolvidos pelo método de policruzamento modificado na fase de seleção de plântulas. *Ghana Journal of A gricultural Sciences,* 34:101-107.

Olaoye, G. (1987). Avaliação preliminar da produção de cana e caraterísticas associadas na cana de açúcar *(Saccharum , officinarum* L.), Não publicado.

Olaoye, G. (1996). Potencial de rendimento de acessos de germoplasma de cana-de-açúcar de sequeiro na ecologia da savana da Nigéria. *Moor Journal of Agriculture,* 7 (2):69-75

Olaoye, G. (1999). Desenvolvimento de variedades tolerantes à seca para as agroecologias da Savana da Nigéria. *In: Genetics and Food security in Nigeria in the 21 century. Uma publicação comemorativa da Sociedade Genética da Nigéria* (GSN) 173 - 187.

Page, A. L., R. H. Miller e D. R. Keenney (1982). *Method of Soil Analysis*: Agronomia 9, parte 2, ASA, Madison, Wisconsin, 162pp.

Prabhakaran Nair, K.P., e Singh, R.P. (1974). Análise correlativa do rendimento e dos seus componentes no milho. *Experimental Agriculture.* 10: 81-86.

Punia, M.S., R. Paroda e R.S. Hooda (1983). Correlation and path analysis of cane yield in sugarcane (Análise de correlação e caminho do rendimento da cana). *Indian Journal of Plant Geneics and Breeding,* 43:109-12

Puri, Y. P., C. O. Qualset e W. A. Williams (1982). Avaliação dos componentes do rendimento como critérios de seleção no melhoramento da cevada. *Crop Science,* 22: 927-931

Purseglove, J. W. (1985). *Tropical Crops, Monocotyledons.* I e II. Longman. 3542 pp.

Qi, R. e Y. Jiang (2006). Estudo sobre o desenvolvimento sustentável da produção de cana-de-açúcar na China. *Ciência Agrícola de Guangdong,* 12: 24-27.

RASTIC (Robert Antoine Sugar Industry Training Centre), (2000). Notas de aula. Curso de Agronomia da Cana-de-Açúcar, 4 de setembro a 24 de novembro de 2000.

Reddy, C. R. e M. V. Reddy (1986). Grau de determinação genética, correlação e análise de caminho genotípico e fenotípico de cana e rendimento em cana-de-açúcar. *Indian Journal of Genetic,* 46:550-7.

Salih, S.H., & Khadir, M.O. (1975). Correlações, análise de caminhos e índices de seleção para a mamona *[Ricinus communis* L.]. *Agricultura experimental.* 11: 145-154.

Sandeep, R.G., M. R. Gururaja; B. Venkatesh; S. S. Rao; R. S. Kulkarni e H. Shailaja (2001). Inter-relação entre a produção de açúcar e os seus caracteres componentes em duas populações segregantes de sorgo doce *[Sorghum bicolor* (L.) Moench.] *Electronic Journal of Plant Breeding,* 2(2):244-247.

SAS, (2003). Statistical Analysis System versão 9.1 para Windows, SAS Institute. Inc. Carry, NC, EUA.

Shamel, A.D. (2007). Avaliação de plântulas de cana-de-açúcar de cruzamentos biparentais usando diferentes substratos de crescimento. Kamel, I. e Moustapha, K. (Editores). Actas do *Congresso Africano de Ciência das Culturas,* El-minia, Egito. 27-31 de outubro, 2007.

Singh, R. K., D.N. Singh, S. K. Singh e H. N. Singh (1994). Variabilidade genética e estudos de correlação em híbridos comerciais estrangeiros de cana-de-açúcar. *Agricultural. Science Digest,* Karnal 14:103-107.

Singh. N.B., (1985) Response of sugarcane to foliar fertilization of nitrogen at different moisture stress. *Jornal indiano de agricultura. Science.* 55: 582-585.

Sundaresan, K. N. e S. Shunmugasundaram (1987). Correlação entre plântulas e seus descendentes em cruzamentos intervarietais de cana-de-açúcar para os principais caracteres económicos. *Indian Journal of Agricultural Science,* 49(12),74-93.

Thakur, R., Jain, R.C., Thakur, G.L., e Sharma, S.R., (1989). Estudos de correlação e regressão sobre parâmetros de rendimento e qualidade afectados pelos níveis de N na cana-de-açúcar. Co-operative sugar. 21(4): p. 257-261. *Abstr. Colheita de Campo.* No. 9070. 44(11): 1991.

Tyagi, S. D. e D. N. Singh (1998). Estudos sobre variabilidade genética para caracteres de caule em cana-de-açúcar. *Indian SugarXL* VIII:259-262.

Venkatraman, R.S.T.S. (1922). Germinação e conservação do pólen de cana-de-açúcar. *Agricultural Journal of India,* 17: 127-132.

Willcox, T., Garside, A'., Braunack, M. (2000). O sistema de cultivo da cana-de-açúcar. *Em* "Manual of cane growing", M Hogarth, e P. Allsopp, (Editores). Bureau of Sugar Experiment Stations, Indooroopilly, Austrália. 127-139.

Wright, S. (1921). *Systems of mating. Genética* 6: 111-178

Yahaya, M.S., Falaki, A M., Ahmed, M.K., Amans, E.B. e Busari, L.D. (2007). Resposta da cana-de-açúcar *(Sacchrum officinarum* L) a níveis de azoto e frequência de rega. *Dissertação de doutoramento não publicada,* departamento de agronomia, ABU Zaria, Nigéria.

Zafar, M. M.; A.A. Umar; M.A. Chatha; e F. Ahmed (2009). Desempenho comparativo de clones de cana-de-açúcar de elite na fase de viveiro avançado para crescimento, qualidade e resposta a doenças. *Jornal do Açúcar do Paquistão,* 18:8-12

Zhu, J. (1992). Mixed model approaches for estimating genetic variances and covariances. *Journal Biometric,* 7: 1-11.

APÊNDICE I

Tabela 1: Apresentando o layout do campo aleatório.

Deputado I		Rep. II		Rep. III	
101	ILS-001	201	USRI/08/87	301	USRI/08/68
102	USRI/08/85	202	USRI/08/80	302	CO6806
103	USRI/08/ 43	203	CO6806	303	USRI/08/46
104	USRI/08/80	204	bochecha local	304	USRI/08/63
105	bochecha local	205	ILS-001	305	USRI/08/43
106	CO 957	206	USRI/08/03	306	ILS-002
107	USRI/08/63	207	USRI/08/46	307	USRI/08/85
108	USRI/08/03	208	USRI/08/58	308	USRI/08/03
109	USRI/08/87	209	USRI/08/43	309	USRI/08/16
110	USRI/08/68	210	USRI/08/85	310	CO957
111	ILS-002	211	CO957	311	ILS-001
112	CO6806	212	USRI/08/68	312	USRI/08/58
113	USRI/08/58	213	USRI/08/ 16	313	USRI/08/87
114	USRI/08/16	214	USRI/08/63	314	USRI/08/80
115	USRI/08/46	215	ILS-002	315	Bochecha local

APÊNDICE II

Propriedades físicas e químicas do solo no sítio experimental.

Physical properties	**Characters**
Sand (g kg^{-1})	367
Silt (g kg^{-1})	597
Clay (g kg^{-1})	153
Textural class	Clay loam
Chemical Properties	
Soil pH (H_2O) 1:2	6.10
Soil pH ($Cacl_2$) 1:2	5.90
Organic carbon (g kg^{-1})	1.86
Total Nitrogen (g kg^{-1})	0.76
Available P (mg kg^{-1})	0.86
Exchangeable K (Cmol kg^{-1})	0.68
C.E.C. (Cmol kg^{-1})	12.80
Na (Cmol kg^{-1})	0.60
Ca (Cmol kg^{-1})	0.41
Mg (Cmol kg^{-1})	0.56

APÊNDICE III

Dados meteorológicos de 2012 e 2013

2012	Temp. média anual Temp. (^{0} C)	Precipitação média anual Precipitação(mm)	2013	Temp. média anual Temp. (^{0} C)	Média anual. Precipitação (mm)
maio	35.4	-	maio	35.2	16.2
junho	33.4	354.8	junho	31.2	214.5
julho	27.5	138.7	julho	27.5	136.5
agosto	25.7	114.3	agosto	29.8	112.9
setembro	26.8	134.5	setembro	32.2	126.9
outubro	35.2	223.4	outubro	37.8	46.9
Total		965.7			653.9

Fonte: Centro de Investigação Energética de Sokoto UDUS.

APÊNDICE IV

Tabela: Análise de variância mostrando os quadrados médios dos traços avaliados em 2012 entre as 15 variedades de cana-de-açúcar.

Fonte de variação	Variedades	Replicações	Erro	Valor F	Pr > F
TC3M(N)	124.18**	58.16	30.3	4.1	0.0007
TC6M(N)	2199.8**	636.42	697.92	3.15	0.0047
TC9M(N)	1997.17**	960.29	493.36	4.05	0.0008
TC12M(N)	1858.96**	728.07	490.11	3.79	0.0013
SS(N)	47.23**	2.56	1.18	40.02	< 0.0001
SL(m)	0.67**	0.05	0.03	24.53	< 0.0001
SG(mm)	0.38**	0.07	0.04	9.13	< 0.0001
IS(N)	15.73**	0.94	1.59	9.87	< 0.0001
IL(cm)	0.00009**	0.00001	0.00003	3.35	0.0031
SMUT(escala)	0.58*	0.2	0.22	2.6	0.015
RR(escala)	1.44*	0.07	0.66	2.17	0.039
CRACK(escala)	0.74	0.42	0.59	1.25	0.297
MC	1803.25**	685.07	428.61	4.21	0.0006
FB	13.59**	1.09	1.04	13.03	< 0.0001
SSW	0.22*	0.31	0.083	2.7	0.012
CWP(kg/ha)	6589766056	4608861556	5390459055.6	1.22	0.314
GH(escala)	0.74	1.62	0.69	1.06	0.429

** Significativo a p<0,01, *Significativo a p<0,05.

TC3M=Contagem de perfilhos aos três meses, TC6M=Contagem de perfilhos aos seis meses, TC9M=Contagem de perfilhos aos nove meses, TC12M=Contagem de perfilhos aos doze meses, S/S=Stalks/Stool, SL=Comprimento do colmo (m), SG=Circunferência do colmo (mm), IS=Internódios/colmo, IL=Comprimento dos entrenós (cm), MC=Cana maleável, FB=Brix final (%), SSW=Peso do colmo único (kg), CWPP=Peso da cana por parcela (kg/ha)

APÊNDICE V

Tabela: Análise de variância mostrando os quadrados médios dos caracteres avaliados em 2013 entre as 15 variedades de cana-de-açúcar.

Fonte de variação	Variedades	Replicações	Erro	Valor F	Pr > F
TC3M(N)	613.33	142.96	416.19	1.47	0.186
TC6M(N)	3731.55**	1123.29	691.93	5.39	< 0.0001
TC9M(N)	1854.56	390.56	1178.39	1.57	0.149
TC12M(N)	14388.28	11562.22	14204.94	1.01	0.468
SS(N)	126.06**	21.57	29.93	4.21	0.0006
SL(m)	2.99	2.5	1.95	1.53	0.163
SG(mm)	9.01	18.16	9.03	1	0.482
IS(N)	14.84	2.69	23.47	0.63	0.816
IL(cm)	28.16	11.03	12.92	2.18	0.039
SMUT(escala)	0.27*	0.02	0.14	1.91	0.071
RR(escala)	0.79	0.42	0.47	1.69	0.116
CRACK(escala)	1.9**	0.29	0.46	4.17	0.0006
MC(N)	2811.85**	688.09	919.33	3.06	0.0057
FB(%)	15.24*	4.55	7.81	1.96	0.066
SSW(kg)	0.05	0.06	0.06	0.94	0.533
CWP(kg//ha)	251827484	138602056	175171401	1.44	0.201
GH(escala)	1.33**	0.02	0.45	2.94	0.0073

** Significativo a p<0,01, *Significativo a p<0,05.

TC3M=Contagem de perfilhos aos três meses, TC6M=Contagem de perfilhos aos seis meses, TC9M=Contagem de perfilhos aos nove meses, TC12M=Contagem de perfilhos aos doze meses, S/S=Stalks/Stool, SL=Comprimento do colmo (m), SG=Circunferência do colmo (mm), IS=Internódios/colmo, IL=Comprimento dos entrenós (cm), MC=Cana maleável, FB=Brix final (%), SSW=Peso do colmo único (kg), CWPP=Peso da cana por parcela (kg/ha)

APÊNDICE VI

Tabela: Análise de variância mostrando os quadrados médios dos traços avaliados combinados de 2012 e 2013 entre as 15 variedades de cana-de-açúcar.

Fonte de variação	Variedades	Réplicas (ano)	Erro	Valor F	Pr > F
TC3M(N)	281.54	100.56	223.25	1.26	0.261
TC6M(N)	4922.01**	879.86	694.93	7.08	< 0.0001
TC9M(N)	3051.39**	675.42	835.87	3.65	0.0003
TC12M(N)	9507.18	6145.14	7347.53	1.29	0.241
SS(N)	117.63**	12.06	15.55	7.56	< 0.0001
SL(m)	2.16*	1.28	0.99	2.18	0.02
SG(mm)	5.23	8.78	4.45	1.17	0.321
IS(N)	19.37	1.81	12.53	1.55	0.1251
IL(cm)	14.06*	5.52	6.46	2.18	0.021
SMUT(escala)	0.47**	0.11	0.18	2.59	0.006
RR(escala)	1.21*	0.24	0.57	2.14	0.023
CRACK(escala)	0.53	0.36	0.52	1.02	0.444
MC(N)	3886.84**	686.58	673.97	5.77	< 0.0001
FB(%)	26.5**	2.95	4.37	6.03	< 0.0001
SSW(hg)	0.07	0.19	0.07	1.03	0.442
CWP(kg//ha)	3577420583	2373731806	2782815228.2	1.29	0.246
GH(escala)	0.75	0.82	0.57	1.31	0.232

** Significativo a p<0,01, *Significativo a p<0,05.

MIX
Papier aus verantwortungsvollen Quellen
Paper from responsible sources
FSC® C105338

Printed by Books on Demand GmbH, Norderstedt / Germany